开源 3D 打印技术原理及应用

徐光柱　何　鹏　杨继全　雷帮军　编著

国防工业出版社

·北京·

内 容 简 介

本书从桌面开源 3D 打印技术原理及应用这一角度出发，全面阐述了开源 3D 打印技术的发展过程，3D 打印技术的基本原理，开源 3D 打印机软硬件系统的配置及构成，3D 模型的建模方法，实际打印过程中可能遇到的问题及解决方案；以开源3D 打印机 RepRap 系列中的 Prusa Mendel I3 为例重点讨论了 3D 打印机的硬件构成、固件程序配置、切片软件的参数选择及上位机使用方法，同时给出了整机安装调试的过程对 3D 打印中的切片算法原理、STL 文件格式、G-code 代码的构成等给出了较为深入的分析与说明；对目前市场上存在的开源 3D 打印软件产品进行了详细介绍，并给出了使用样例。

本书内容丰富、案例典型，讨论由浅入深、重点突出，内容安排合理，可读性强。本书配套了相应光盘，光盘中给出了本书全部的彩图，及相关打印视频有助于读者更加方便地理解本书内容。

本书适合于 3D 打印相关专业的研究生和本科生、3D 打印爱好者及相关科研工作者阅读，同时也可以作为 3D 打印培训人员的参考资料。

图书在版编目（CIP）数据

开源 3D 打印技术原理及应用/徐光柱等编著 . —北京：国防工业出版社，2015.12
普通高等教育"十二五"规划教材
ISBN 978-7-118-10584-1

Ⅰ. ①开...　Ⅱ. ①徐...　Ⅲ. ①立体印刷–印刷术
Ⅳ. ①TS853

中国版本图书馆 CIP 数据核字（2015）第 296138 号

※

国防工业出版社 出版发行
（北京市海淀区紫竹院南路 23 号　邮政编码 100048）
三河市腾飞印务有限公司印刷
新华书店经售
*
开本 787×1092　1/16　印张 10¾　字数 240 千字
2015 年 12 月第 1 版第 1 次印刷　印数 1—3000 册　定价 48.00 元

（本书如有印装错误，我社负责调换）

国防书店：(010)88540777　　发行邮购：(010)88540776
发行传真：(010)88540755　　发行业务：(010)88540717

　　该书由国家自然科学基金项目(61402259,61273243,51407095)，江苏省科技基础设施重点项目(BM2013006)，江苏省科技支撑计划(工业)重点项目(BE2012201，BE2014009-3，BE2013012-2)，江苏省高校自然科学研究项目(13KJB460011)，江苏省三维打印装备与制造重点实验室开放基金项目(L20140713-03,L20140713-04)，湖北省水电工程智能视觉监测重点实验室开放基金项目(2014KLA10)，湖北省自然科学基金创新群体基金项目(2015CFA025)，三峡大学青年拔尖人才培育计划项目(KJ2014H001)，三峡库区生态环境教育部工程研究中心开放基金项目(KF2015-10)联合资助！

前　言

作为一门新兴的生产技术，3D 打印正在逐渐进入公众的视野，并改变着人类的生活。3D 打印是一种以数字模型为基础，运用粉末状金属或塑料等材料，通过逐层打印的方式来构造物体的技术。与传统的制造业相比，3D 打印技术能够更加高效地构建出具有复杂结构的物体，并且更加节约原材料。

随着 RepRap 等开源项目的快速发展，桌面开源 3D 打印机的价格也越来越低，相应的开源软件及配套服务也日趋完善，3D 打印的技术市场正在以极快的速度增长，越来越多的 3D 打印机开始进入普通家庭。对 3D 打印技术发展具有重大促进作用的开源 3D 打印项目 RepRap 最早源于英国，它是世界上第一台多功能、能自我复制的机器，也是一种能够打印塑料实物的 3D 打印机，目前该技术发展主要集中在国外的几个发达国家，相应的中文介绍开源 3D 打印技术的书籍还比较少。另外，开源 3D 打印技术的中文书籍侧重点主要集中在已有的应用上，而对于开源 3D 打印软件的使用和开源 3D 打印硬件的组装及实际打印过程的介绍则更少。

针对上述问题，本书以开源 3D 打印技术为切入点，深入浅出地介绍了 3D 打印的基本原理，开源软硬件系统的配置及构成，3D 模型的构建方法以及实际打印过程中可能遇到的问题，帮助读者快速梳理出一个关于 3D 打印技术的清晰概念。

和其他同类书籍相比，本书更加侧重于介绍桌面开源 3D 打印技术的发展，并从实际应用出发介绍 3D 打印技术中包含的成型原理。第 1 章为 3D 打印技术的绪论，为读者深入了解 3D 打印技术作铺垫，这些技术包括 3D 打印技术的概念，3D 打印技术的技术分类，3D 打印材料范畴，以及 3D 打印技术与传统制造业相比的优势与不足，最后以 3D 打印技术的发展历史为结尾回顾其发展过程。第 2 章介绍了桌面开源 3D 打印技术，以 Arduino 为切入点，介绍其对开源 3D 打印技术发展的贡献，随后引入其他常用的打印机控制板。在控制板介绍之后，本书还穿插进了现在市场上流行的几种 3D 打印机类型及 3D 打印机品牌，最后以 Prusa Mendel I3 的组装实例为结尾帮助读者从硬件上了解 3D 打印机的相关知识。第 3 章着重介绍了 3D 打印技术中常用的文件格式——STL 文件格式，详细讲述了文件规则，以及生成过程中的常见错误，引入了比较流行的几种 STL 文件分层（切片）处理的算法，为后面章节理解切片软件及上位机软件提供基础支撑。在这之后，本书还简单介绍了在工作时 3D 打印机开源软件的应用以及开源软件和开源硬件通信的过程，以及打印机固件翻译 G-code 代码的管道式处理过程，同时在附录里给出了常用的 G-code 代码及含义，方便读者查阅。第 4 章为开源 3D 打印技术的应用，从开源桌面 3D 打印技术软件的实际应用出发，介绍了模型的修补与转换的实际操作，切片软件的实际操作及切片软件的实际配置参数。随后详细介绍了功能强大的 Repetier-Host 的使用以及其中许多功能，包括内嵌的切片软件使用、Repetier 手动的参数控制功能、G-code 代码的编辑与插入功能等。第 5 章介绍了目前比较流行的 3D 模型网站，以及常见的建模软件，最后以 SketchUp 和 3ds Max 为例讲解了字牌的制作过程。第 6 章汇总了开源桌面 3D 打印机在使用过程经常出现的问题以及解决办法，最后简单讲解了打印材料的选择以及后续模型的抛光问题，最后讨论了 3D 打印技术还没有很好解决的大型模型快速有效分割的问题，并以普林斯顿大学与中国科技大学提出的两种模型分解算法进行了说明。

　　本书适用于想要理解或学习 3D 打印技术的朋友，同时也可作为相关领域研究人员和参考资料。参与本书编写与校稿的有余迪、宁力、熊丹丘、李迪、彭曼、李欣羽、黄业辉等同学，在编写过程中还得到了国防工业出版社责任编辑的大力帮助，在此对这些编著者表示深深的谢意。同时感谢家人的大力支持和理解！

　　由于知识水平和经验的局限性，书中难免存在错误或不妥之处，敬请广大读者给予批评指正，联系邮箱 E-mail：xugzhu@163.com。

2015 年 12 月 25 日

于三峡大学

目　　录

第1章 绪论

1.1 3D 打印的概念

从来没有什么能像科技一样如此深刻地影响人类的历史和生活。从蒸汽火车到汽车再到飞机，从电话的发明到万维网的出现再到今天智能手机的普及，科技的进步总是在不经意间改变人们的生活方式，并给人类带来了更广阔的视野和无限的可能，3D 打印技术很有可能成为下一个改变世界的新兴技术。

3D 打印技术，也称为增材制造技术（Additive Manufacturing，AM），如今逐渐进入人们的视野。有观察者认为，3D 打印技术将会引发人类历史上下一次工业革命，并对人类的社会经济、环境、地缘政治甚至安全问题带来深远影响（图 1-1 和图 1-2）。

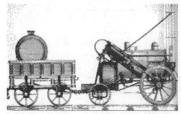

图 1-1　科技进步对人类出行的影响（图片来源：网络）

图 1-2　科技进步对人类通信的影响（图片来源：网络）

如果人们想象中的未来是一部天马行空的科幻电影，3D 打印技术最有可能将对未来的所有憧憬转化为人们看得见摸得着的真实世界。3D 打印技术的神奇之处在于它可以根据 3D 模型的信息一层一层地将材料粘合起来得到实物模型，也就是说人们可以任意生产、修复自己的一个即将成型的实物；只需要一台计算机、一个模型创意和一台 3D 打印机，在简单的操作后就可以在商店、工厂、医院、学校甚至是自己的家里构建出想要的东西。

在互联网广泛覆盖的今天，人们可以轻易地从网上下载到某个产品的模型文件，并将它们打印出来；人们也可以利用深度扫描仪（如微软 Kinect 系列和华硕 XtionPro Live 系列）甚至手机以及平板将现实生活中的物体（如使用 AutoDesk 公司的 123D Catch 软件）转换成数字模型进而进一步加工造型，得到想要的实物。从某种意义上讲，利用 3D 打印技术,用户无论何时何地都可以创造所想要的一切,所想与所得之间的距离将会大大缩小。相信随着 3D 打印技术的普及发展,人们对已经熟知的世界的看法将会发生改变。

1.2 3D 打印的技术流程

1.2.1 实物成型方法概述

人类对于实物成型方法的研究和应用有着十分悠久的历史,早在 4000 年前,中国人就已经学会了将丝、麻固定在漆器上使之成型的方法;传统的金属锻造工艺中,铁匠通过使用锤炼、采用淬火等方法使金属成型。发展到现代,人们要得到一个实物模型的方法可以划分为以下几种(图 1-3)。

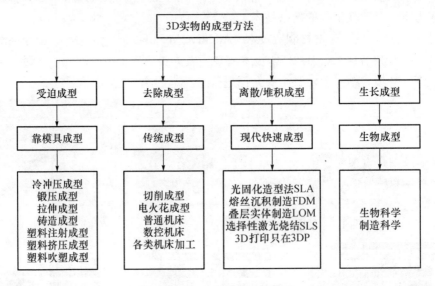

图 1-3 3D 实物成型方法分类

1. 从整体中去除多余部分的成型方法

这种成型方法是人类从石器时代到信息时代延续使用的成型方法。无论是原始人打磨狩猎用的石刃,还是现代社会通过使用刀具切削金属块得到零部件,只要是把一个毛坯上不需要的部分去除掉,留下所需要部分的成型方法,都属于从整体中去除多余部分的成型方法。该成型方法在大规模生产特定零部件时能够发挥最大生产效率,是现代生活不可缺少的一部分。

2. 通过外力压迫使材料成型的方法

古埃及人早在公元前就已经发现,将木材切成薄板后重新铺叠,并用外力长时间压合可以使材料成型。这样的成型过程类似于中国民间用布和浆糊制作鞋垫内底,通过使用粘合剂和长时间压合,迫使布与布之间粘合的方法。现代工艺中金属的拉伸成型、锻造成型、挤压成型以及铸造成型等都属于通过外力压迫使材料成型的方法,该类方法需要根据特定的生产需要设计特定的模具或者成型生产流程。由于模具的制作成本相当高,因此模具成型的方法更适用于大批量、大规模地生产某种特定实物。

3. **生长成型的方法**

生长成型的方法类似于自然界生物的生长过程，它是一项生物科学和现代工业制造科学相结合的杰作。它通过生物体的生长和细胞分化来组建模型，并通过将生长和成型融为一体来构建一个具有特定目的的三维实体。

4. **层叠成型的方法**

层叠成型又称为堆积成型或者离散成型，区别于传统制造方法，这种类似小孩堆积木的增材制造技术看似幼稚却包含着不同凡响的威力。它以实物的 3D 模型为基础，通过使用软件控制数控加工系统，用层层叠加的方法将成型材料（如塑料和金属粉末等）累积成一个实物零件。这种三维制造的过程实际上将模型成型过程转化成了每一层平面的二维成型问题，不需要使用任何外部工具进行切削第二次加工，且可以根据需要对模型进行一系列的调整，这在一定程度上提高了生产的灵活性和实物的柔韧性。与传统的制造方式相比，这种成型方法更适用于生产数量较小且高度定制的产品，不适合大规模生产特定实体。

想要一句话介绍 3D 打印是件很困难的事情，这不仅仅是因为 3D 打印技术涵盖的范围很广，还在于强行给一个正在发展的技术赋予特定含义会使这项技术丧失所蕴含的意义，下面我们将以简单的类比来说一说什么是 3D 打印。

1.2.2 自然界的 3D 打印技术

严格来说，3D 打印真正的玩家并不是某个公司或个人，而是大自然。平常生活中许多生物已经做了关于 3D 打印技术的应用示范，如贝壳（图 1-4）。

图 1-4 自然界的贝壳（图片来源：昵图网）

软体动物的外壳膜上有一种特殊的腺细胞，它的分泌物可形成保护身体的一层钙化物，而人们习惯于将这层钙化物称为贝壳。有人说贝壳上色彩斑斓的纹路是它的一年又一年时光积累的生命线，作者觉得深浅交错的曲线更像是自然造物留下的痕迹。如图 1-5 所示，岩石在风沙的腐蚀下形成的神奇地貌就是自然演化的过程，不过与 3D 打印技术不同的是，它更像是首先建立起整块的实物，再一层一层地进行剔减造型。敦煌雅安地貌是大自然鬼斧神工、奇妙无穷的天然杰作，堪称天然雕塑博物馆。

图 1-5　敦煌雅安地貌（图片来源：《江西日报》，太平洋计算机网）

1.2.3　增材制造技术

如果把 3D 打印技术当作是从零开始作加法运算，那么现在传统的制造方式则更像是在作减法运算：即将原材料进行切削等加工，从一个完整的实物中去掉多余的部分得到想要模型，而 3D 打印技术是增材制造技术的一种表达形式，正如前面所介绍的，它是一层一层地将材料在平台上进行堆叠累积，从无到有构建一个实物的过程，类似于人们口中常说的"积少成多，积沙成塔"。

3D 打印技术的一般流程如图 1-6 所示，要得到一个实物，必须先利用软件将自己的创意转化成数字文件（通常是 3D 模型文件），由计算机利用切片软件将每一层的模型信息读取出来，并生成指导打印机工作的 G-code 代码，之后由 3D 打印机自动地完成所有的造型工作。

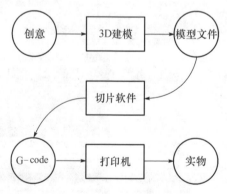

图 1-6　3D 打印技术的一般流程

从某种意义上说，增材制造技术就像建筑工人建造房屋一样，工人们按照预定的建筑图纸将砖块水泥粘结在一起，完成一层后继续下一层粘结，直到建筑完成。如图 1-6 所示，在这个过程中"模型文件"扮演着建筑图纸的角色，"G-code"代码扮演着指挥工人搬砖后确认放置位置的包工头角色，"打印机"当然就是勤劳的建筑工人，完成整个实物的造型工作。

1.2.4　3D 打印技术分类

人类在 3D 打印技术实现过程中花费了近 120 年（1860—1988 年）的时间，从最基础的多照相机实体雕塑技术开始到 3D Systems 公司设计出世界上第一台基于立体光刻的工业级 3D 打印机，人类一直没有放弃过对 3D 打印技术发展与进步的追求。3D 打印技术发展到今天已经演化出了许多的分支，宽泛地讲可分为三类，分别是选择性粘合技术、选择性固化技术和选择性沉积技术，它们的英文缩写分别是 SLS、SLA 和 DLP。下面简单地介绍这几类打印技术。

1. 选择性粘合技术

如图 1-7 所示，选择性粘合技术通常是将石膏或者金属等粉末采用粘合剂粘合，或者热熔断技术构造实物的一种方法。这种技术最典型的运用就是选择性激光烧结技术（Selective Laser Sintering，SLS），该技术使用激光将粉末烧结成实物的一层，其中第一层烧结在 3D 打印机的平台上，在第一层构建完成后其他层依次逐层烧结，直到完成整个模型的构建任务。

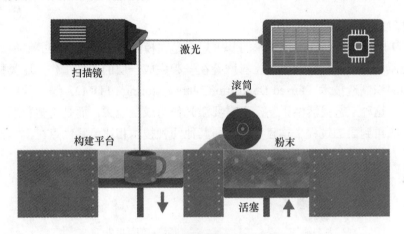

图 1-7　选择性激光烧结技术原理

（图片来源：THE FREE BEGINNER'S GUIDE TO 3D PRINTING）

在整个打印过程中，粉末起着支撑模型的"砖块"作用，因为"砖块"很小，所以使用激光烧结技术能够构造非常复杂的结构和极其微妙的图案。由于融化粉末材料需要很高的温度，该技术配套的硬件设施十分昂贵，导致这类技术的使用成本很高。

2. 选择性固化技术

选择性固化技术是对液体有选择地施加能量使其固化的过程，在固化一层后打印平台会上/下移动进行下一层的固化，平台每次移动只能完成实物的一层造型。与选择性粘合技术一样，模型的第一层往往构建在平台上，在一层构建完成后平台会移进/移出液体槽，直到完成所有层的固化成型。选择性固化技术的典型代表就是光固化成型技术（stereolithography，SLA），该技术利用紫外线将液态树脂固化得到实物，其原理图如图 1-8 所示。

由于树脂材料的高度黏性，模型在从平台取下后通常需要进行进一步的修补，而这个修补过程比较繁琐，但光固化成型技术生成的实物精度较高、质量可靠，适合制造形状特别复杂、特别精细的零件。

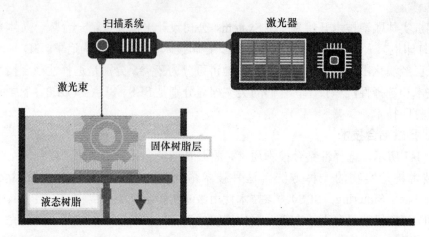

图 1-8 光固化成型技术原理图（图片来源：THE FREE BEGINNER'S GUIDE TO 3D PRINTING）

3. 选择性沉积技术

如图 1-9 所示，选择性沉积技术的基本思想是在模型需要的地方堆叠原料。该技术多使用塑料为原材料，通过将融化的丝料堆叠在一起完成一层的造型工作。这类技术的典型代表是熔融层积制造技术（Fused Deposition Manufacturing，FDM），是一种应用广泛的增材制造技术。这种工艺灵活性很高，不需要激光作为成型能源，而是将塑料融化后，挤出成丝由点到线再到面的过程来构建实物。与其他几种技术相比，其优点在于机器结构相对简单，维护方便，成型速度较快。

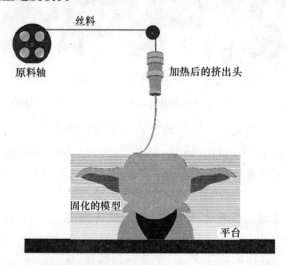

图 1-9 融层积制造技术原理图（图片来源：THE FREE BEGINNER'S GUIDE TO 3D PRINTING）

1.3 3D 打印的原材料

3D 打印技术的发展和其材料的发展是密不可分的，从这项技术诞生之日起，人类对于 3D 打印材料的探索就一直没有停止过。3D 打印技术发展到如今，已经可以使用多种原料进行打印，如金属、黏土、尼龙、食物、PLA/ABS 塑料和生物材料等（图 1-10）。

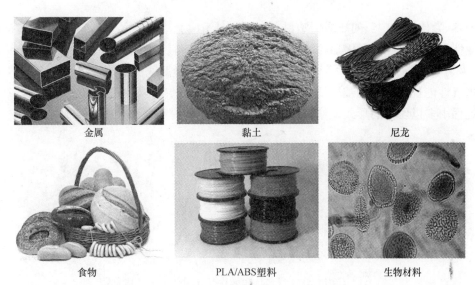

金属   黏土   尼龙

食物   PLA/ABS塑料   生物材料

图 1-10　3D 打印技术可以使用的材料（图片来源：网络，不代表真实打印原料）

材料的选取主要取决于特定的使用目的和平台，例如如果想要将一个简单的想法转化成实物，那么最佳的选择就是使用桌面级开源 3D 打印机并选择塑料为材料；如果想要设计一个特定尺寸的金属齿轮，那么最好的选择当然是使用金属打印机并选择特定的金属粉末为材料。下面简单介绍常见的几种材料。

1. 尼龙

尼龙又称聚酰胺纤维，在其为粉末状态时利用烧结技术，料丝状态下时利用熔融沉积成型工艺（Fused Deposition Modeling，FDM）进行 3D 打印即可将其制造成理想的形状。尼龙具有耐磨、抗腐蚀、韧性好、质量轻的特点，被广泛用于工业、医疗等领域（图 1-11）。

图 1-11　使用尼龙材料打印的作品之一（图片来源：中国 3D 打印网）

实践证明，尼龙是 3D 打印的可靠材料。除此之外，尼龙打印材料通常为白色，并且在打印前或者打印后可以被染成其他颜色；尼龙也可以和其他材料的粉末（如铝粉）结合，混合的材料具有两种材料的优点，并能显著提高打印成品的质量。

2. ABS 塑料

ABS 全称为 Acrylonitrile-Butadiene-Styrene copolymer，即丙烯腈-丁二烯-苯乙烯共聚

物。ABS 为使用最广泛的非通用塑料之一，也是五大合成树脂之一。ABS 塑料具有良好的耐热性、耐低温性、耐化学药品腐蚀性和抗冲击性，且表面光泽度较高，易上色易加工成型，尺寸较为稳定，人们甚至可以在它表面进行喷镀金属或热压等二次加工。另外，ABS塑料电气性能优良，因此被广泛应用于电子电器、仪表仪器以及纺织和建筑领域，在 3D打印过程中多以丝料的形式，作为入门级 3D 打印机的材料使用（图 1-12）。

图 1-12　利用 ABS 材料打印的作品（图片来源：3dhoo）

3. PLA 塑料

PLA 全称为 Polylactic Acid，即聚乳酸，是一种以乳酸为主要原料聚合得到的材料。和 ABS 塑料相比，聚乳酸打印出的产品可以生物降解，是一种较为环保的打印材料。ABS塑料目前主要以玉米、木薯等为原料生产得到。

PLA 塑料的热稳定性较好，加工温度为 170~230℃，具有良好的抗溶剂性（这也是采用 PLA 材料打印出的模型难以抛光的原因）；PLA 塑料的生物相容性较好，光泽度、手感都很优秀，颜色种类也很多，目前主要用于服装，医疗卫生领域（图 1-13）。

图 1-13　利用 PLA 材料打印的作品（图片来源：3dhoo）

4. 金属粉末

金属打印是 3D 打印技术中不可缺少的分支，也是整个 3D 打印体系中必不可少的重要组成部分。现在越来越多的金属和金属复合材料被用于工业级 3D 打印技术，如常见的铝钴合金。除了铝钴合金粉末外，不锈钢粉末也是应用较多的材料之一，具有较高强度和合适的价格，也相对容易获得。

在珠宝行业的关注下，近几年金和银在 3D 打印技术中的使用量有所增加，这两种昂贵的金属给 3D 打印市场增添的"活力"不容小觑（图 1-14）。当然，3D 打印不会遗忘钛金属及其合金，这种储量巨大、抗疲劳、耐腐蚀、导热性好、生物亲和能力好的金属在航空航天、医学、化工、电力甚至建筑行业都得到了广泛的应用，3D 打印技术让钛合金在实际生产中的生命力更加顽强。

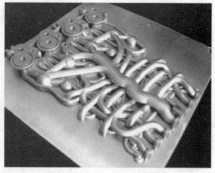

图 1-14 利用金属粉末打印的作品（图片来源：中国 3D 打印网）

5. 生物材料

生物材料的打印技术仍在发展中，到目前为止，3D 打印胚胎干细胞的技术还处于研究阶段。现有的人造组织的方法是在培养皿上或其他材料上添加细胞，待其自然生长，速度缓慢；而 3D 打印技术是在液体或者凝胶上直接打印出生物组织，速度比传统方式要快得多。利用生物材料（如胚胎干细胞）打印得到人类的器官的研究从来没有停止过（图1-15）。相信在未来的一天，3D 打印技术会让医学界发生翻天覆地的变化，患者器官移植所需要的心脏、肝脏以及其他器官将不再依靠他人的捐赠，而是由患者自身的干细胞打印而来。

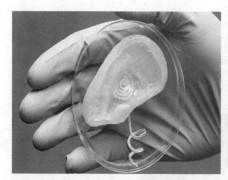
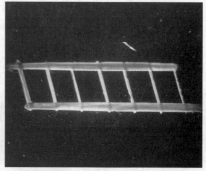

图 1-15 3D 打印的仿生耳朵（图片来源：驱动之家）和血管（图片来源：腾讯新闻）

1.4 3D 打印与人们的生活

如果问起 3D 打印能打印出何种与人们日常生活相关的东西，那么得到的答案将会是"一切"。增材制造技术从本质上来说可以制造任何人类想要的东西，从衣服到房子，从茶杯到桥梁，从自行车到飞机，从食物到珠宝，从医疗假肢到活体组织甚至是器官，3D 打印几乎无所不能。

1.4.1 令人惊叹的服装

无论在什么年代，什么环境下，人们对美的探索和追求从未停止过。现在有了 3D 打印技术，服装的设计和表达变得更加简单；服装设计师可以更加专注于将自己的灵感转化为现实，而不需要担心自己的创造如何实现的问题。

图 1-16 所示的奇幻时装出自以色列 Shenkar 设计学院 Noa Raviv 之手，简单的线条、复杂的平面图案和变形的网格，给人一种神秘的空间错觉，时装的百褶花纹让人仿佛置身于伊丽莎白时代。

图 1-16　Noa Raviv 利用 3D 打印技术制作的时装（图片来源：阿里塔）

同样是时装，荷兰设计师 Iris van Herpen 对于美的概念有着不同的理解。在巴黎时装周上，科技与现实感满溢的 3D 打印服饰吸引了不少人的眼球。图 1-17 所展现的图片中有多款由 3D 打印机制造，包括数双 3D 打印的女鞋。

图 1-17　Iris van Herpen 利用 3D 打印技术制作的时装（图片来源：石狮网）

图 1-17 所示的高跟鞋给人一种盘曲复杂的感觉，这款鞋的设计灵感来自于大自然的树根，利用 3D 打印技术可以将其展现得淋漓尽致，而这是传统制造技术难以实现的。

1.4.2 不可思议的食物

未来的某一天晚饭你想吃什么，3D 打印就能给你做什么。设想在未来的某一天，可以打印食物的 3D 打印机普及千家万户，您只需要准备相应的原料就可以打印出糖果、蛋糕甚至面条，不需要一点烹饪技巧就可以吃上一顿美味的大餐，听起来是不是很让人期待？

现在人们已经可以利用 3D 打印技术直接制作出属于自己的个性糖果，看着形态各异的糖果，不知读者是否也能透过图片嗅到来自未来的神秘香气呢？现如今 3D Systems 公司推出的 ChefJet 系列打印机，能直接利用砂糖为原材料，先将其平铺在制作平台上，之后微型喷嘴会将食物色素、水和人造香料喷到糖上，等到糖凝固后再进行下一层构造，直到制作出五颜六色的糖果和婚礼蛋糕装饰品（图 1-18）。

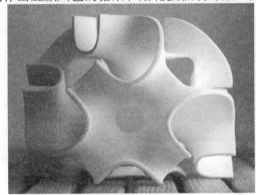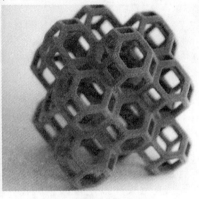

图 1-18　利用 3D 打印技术制造的糖果（图片来源：wired.com）

1.4.3 异想天开的房屋

2015 年 1 月，数栋利用 3D 打印技术建造的房屋在苏州工业园集体亮相。在这批建筑中，最引人注目的要属图 1-19 中的面积约为 1100 平方米的别墅了。这种别墅的墙体由大型 3D 打印机打印而来，仅使用少量钢筋、水泥等材料建筑，房屋结构坚实可靠（图 1-19 和图 1-20）。

图 1-19　利用 3D 打印的房屋（图片来源：《扬子晚报》）

图 1-20　打印房屋的材料（图片来源：《扬子晚报》）

该项目的负责人表示，"制造同样的建筑，采用 3D 打印技术，可节约建筑材料 30%~60%，工期缩短成本 50%~70%，节约人工 50%~80%"。此外 3D 打印的房屋不会渗水，保温性能较好，又由于墙体构件轻强度高，理论上抗震效果会比一般建筑要好很多。如果 3D 打印房屋能够得到进一步推广，那么人类未来的住房问题一定能得到很好的解决。

1.4.4　疯狂奔驰的汽车

一辆汽车走上街头并不是什么新鲜事，但如果它是世界上首款 3D 打印的汽车呢？这辆名为"特斯拉迪"的汽车由"本地公司"制造，全身零件成本约为 3500 美元（普通的家用汽车售价在 25000 美元左右）。该车制作周期仅为 4 个小时，并且最高时速可以达到 80 千米/小时。车身的一边可以清楚看到 3D 打印层，不过已经被精细地打磨过，给人一种超现实感（图 1-21）。

图 1-21　世界上首款 3D 打印的汽车（图片来源：人民政协网）

如果你觉得 3D 打印的汽车太过简陋，担心没有普通汽车的驾乘感和舒适度，那么可以看看图 1-22 中在日内瓦车展展出的这款 Light Cocoon。

图 1-22 Light Cocoon 车身侧面（图片来源：中关村在线）

由于采用 3D 打印技术，Light Cocoon 新车外壳仅重 19 克每平方米，仅为一张 A4 纸的 4 倍；这款车的设计灵感来源于大自然中树叶的纹路和脉络，整个车体造型紧致，富有运动感。该车的设计师 Johannes Barckmann 称该车具有很多优点，如轻量化、高效经济性，并且"Light Cocoon 呈现出了以 3D 打印塑造的分枝状载的稳定结构"。

1.5 3D 打印与传统制造业的比较

1.5.1 更高的灵活性

3D 打印成型技术与传统的制造技术相比有许多明显优势。首先，3D 打印技术更适合专业生产体积较小、价值较高的产品。从一个简单的层次上理解，3D 打印就是一种将数字文件转化为现实实物的过程，虽然比不上科幻小说中能够重构分子结构，凭空制造出物品的技术那样绚酷，但从理论上讲 3D 打印技术能将所有的数字模型文件打印成成品（图 1-23）。

图 1-23 3D 打印的"大白"模型（图片来源：知乎）

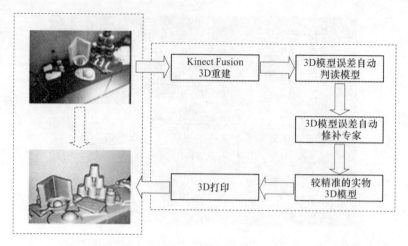

图 1-24 利用 Kinect 反求实物模型的示意图

3D 打印技术发展到今天已经有很多成型方法来满足不同的数字模型成型要求。其中，使用最多的要数熔融沉积成型技术，该技术在计算机的控制下，将材料融化成半液态挤压出来，并有选择地进行涂覆，成百上千层累积起来形成实物模型；模型的设计可以利用计算机辅助设计（CAD）软件完成，以便提高生产灵活性，不需要为其他生产配置烦琐的机器设置或者铸造模具。此外，也可以利用深度扫描仪（如微软 Kinect 系列（图 1-24）和华硕 XtionPro Live 系列）甚至手机以及平板捕获现实中的物理模型，进而进一步加工造型，得到想要的实物。

1.5.2 无限可能的材料来源

与传统的制造工业相比，3D 打印更有可能让人类在没有机械车间和生产制造经验的情况下，利用其高度自动化的特性生产出满足人类需要的产品。

为了让人类在月球上居住，科学家们正在考虑使用 3D 技术建造月球上属于人类的第一批“安全小屋”（图 1-25）。早在 2010 年中国航天系统科学与工程研究学院就曾经报道过，NASA 与华盛顿州立大学研究利用月球岩石材料进行成型打印技术的新闻。如果利用传统的制造和建筑工艺在月球上施工的话，宇航员登上月球时需要携带沉重的背囊，这极大地增加了宇航员的负担和太空飞行的风险。

图 1-25 NASA 月球打印房屋示意图（图片来源：腾讯科技）

无论是在遥远的月球还是在气候恶劣的沙漠（图 1-26），3D 打印技术都能就地取材，完成"不可能"的实物成型工作。图 1-27 是来自伦敦皇家艺术学院 Markus Kayser 利用其发明的机器，在沙漠中运用"太阳能烧结"技术将阳光和沙子转化成玻璃制品的示意图。值得一提的是，这台机器可以自动地移动到最合适的位置来获取太阳能，获取的太阳能将通过透镜汇聚成一个点，并将沙子加热至熔点，如图 1-27（左）所示，待其冷却后凝结成固体，如图 1-27（右）所示。

图 1-26　沙漠中的 3D 打印（图片来源：太平洋计算机网）

图 1-27　沙加热到融化（左）后得到的实物模型（右）（图片来源：太平洋计算机网）

1.5.3　更强大的构造能力

3D 打印技术可以轻易地完成传统制造业难以完成的复杂结构，高度自动化的造型过程可以为科学研究工作提供强大的模型支持。

图 1-28 与图 1-29 所示的模型是国际理论物理研究中心（International Centre for Theoretical Physics，ICTP）的一个研究团队利用开源 3D 打印机 Ultimaker，结合开源建模软件 OpenSCAD 与开源切片软件 Cura，将结构复杂的物理模型转化成实物的例子。低成本的 3D 打印机正在逐渐发展并走向成熟，并在越多越多的科研领域显示出无穷的潜力，同时在科研领域得到越来越多的运用。

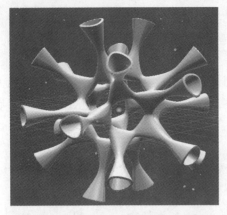

图 1-28　Barth 结构模型（左）及造型实物（图片来源：IMAGINARY 数学展）

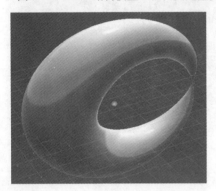

图 1-29　Croissant 结构模型（左）及造型实物（右）（图片来源：IMAGINARY 数学展）

1.5.4　综述

传统的制造工艺通常需要昂贵的设备为基础，并根据客户不同的需求对机器进行固定的配置后才能生产大量同质化的产品；而 3D 打印恰恰相反，更适合在不同的数字模型基础上构建高度定制的模型。表 1-1 更明确地解释了它们之间的异同。

表 1-1　3D 打印技术与传统制造业的比较（资料来源于：USPS OIG）

	3D 打印	传统的制造技术
生产速度	在构建实物之前需要设计打印该模型需要的数字模型，打印前需要少量时间对喷嘴进行预热，打印的模型越大，花费的时间越长。适合生产小型商品，或高度定制，或者具有较高价值的商品	需要花费大量时间和资源配置机器，但在配置完成后，生成每一件商品的效率会有所提高。适合批量生产高度一致的商品
生产花费	前期投入较低，但生产实物单位成本较高且固定。产品生产工作对设计人员要求较高，对操作人员基本没有要求	前期投入较高，但生产实物单位成本相对较低。产品生产工作要求熟练的工人来配置和操作机器
生产适应性	结构复杂或者空心的实物构建过程和普通模型过程相同。模型的数字文件可以被修改或调整，以便生产商对消费者需求的变化作出快速反应。目前，3D 打印技术仍处于发展的初期阶段，可用来打印的原料十分有限	很难生产类似中空的复杂结构，同时，在生产已经确定的情况下改变产品设计会付出极大的代价。但是，整体的生产技术水平相对较高，生产原料几乎没有限制

有分析者认为，随着 3D 打印技术的不断发展，利用 3D 打印技术生产的成本还会进一步降低。3D 打印生产成本的降低将会进一步促进 3D 造型生产过程更快、更有效率、更节约成本。如图 1-30 所示，3D 打印技术生产一定数量的商品时会比传统制造业有优势得多，但对于数量较大的商品，传统的制造业仍有明显的优势。

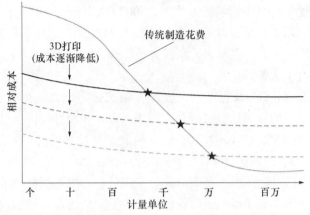

图 1-30　3D 打印与传统制造方式成本对比图（图片来源：USPS OIG）

1.6　3D 打印技术的发展史

3D 打印技术首次出现于 20 世纪 80 年代后期，当时，被人们称为快速成型（RAPID PROTOTYPING，缩写为 RP）技术。3D 打印技术的最初是为了快速、更具成本效益地创建原型产品。1980 年 5 月，Kodama 博士在日本第一次提交了申请 RP 技术的专利。但不幸的是，他在提交专利申请后的一年内没有完成完整的专利说明书（事实上他还是一个专利律师）。现在人们普遍认为，3D 打印技术可以追溯到 1986 年，那时立体光刻设备（SLA）得到了第一个专利。该专利属于 Charles Chuck Hull，他第一次在 1983 年发明了 SLA 打印机，其后来创建的 3D Systems 公司在 3D 打印界是目前经营规模最大、最丰富的企业之一。

3D Systems 公司的第一款商用 RP 系统成型于 1987 年，经严格测试后于 1988 年开始出售。1987 年，得克萨斯大学工作的 Carl Deckard 在美国申请了一项关于选择性激光烧结（SLS）快速成型过程的专利。这项专利于 1989 年颁布，后被授权给 DTM 公司（该公司后被 3D Systems 收购）。1989 年，Scott Crump-Stratasys Inc 公司的联合创始人申请了一项专利——熔融沉积（FDM）专有技术，这项技术基于开源的 RepRap 模式，在今天仍然由该公司持有，同时被应用于许多入门级的机器中。同年，EOS GmbH 有限公司在德国由汉斯·兰格创办，直到今天，EOS 系统是世界各国公认的输出质量最高的工业原型和 3D 印制生产应用系统。

在 20 世纪头十年中期，3D 打印行业开始表现出明显的多样化发展趋势。首先，高端 3D 打印仍然采用非常昂贵的系统，它着眼于生产高价值、高度复杂的工程零件。这项技术仍在继续成长，直到现在才真正开始在航空航天、汽车、医疗和珠宝首饰行业的生产应用中初见成效。其他 3D 打印技术和工艺在当时也不断出现，例如由 William Masters 提出的弹道粒子制造（BPM）技术、由 Michael Feygin 提出的分层实体制造（LOM）技术、由

Itzchak Pomerantz 等人提出的固体地面固化（SGC）技术以及由 Emanuel Sachs 等人提出的"三维打印"（3DP）技术，可想而知 90 年代初的 RP 市场上的竞争有多么激烈，而到最后只有三个公司存活至今，它们是 3D Systems 公司、EOS 公司和 Stratasys 公司。

一方面，在低端市场，3D 打印机如今正陷入改进印刷精度、速度和材料的价格战之中。在系统本身的优化与市场影响的催生下，2007 年，市场上出现的第一个 3D 打印系统的价格在 10000 美元以下甚至 5000 美元以下的 3D 打印机，这些都是普通人所不敢想的。这一年也被许多业内人士、用户和评论家认为是打开 3D 打印技术之门的关键一年，3D 打印技术在这一年获得了大量的用户。

另一方面，桌面级开源 3D 技术开始出现萌芽，Bowyer 博士早在 2004 年就开始构思一个开源的、自我复制的 3D 打印机概念，即 RepRap 开源打印机项目。在接下来的几年的探索中，其团队中的 Vik Oliver 和 Rhys Jones 计划通过使用沉积工艺来进行 3D 打印机的打印原理。 2007 年，开源的 3D 打印开始获得关注；2009 年 1 月，第一个基于 RepRap 概念的商用 3D 打印机以套件形式提供出售。从那以后，很多类似的沉积打印机已经具有了各自的特点（如 USPS），而 RepRap 现象催生了一个全新的商业领域，社会各界的 RepRap 社区都在讨论开源 3D 打印的发展和如何商业化。

在此之后，随着市场的进一步细分，3D 打印技术在工业水平和应用上都有了重大的进展。2013 年是 3D 打印技术发展和整合的重要一年，因为这一年开源巨头 Makerbot 公司被 Stratasys 公司收购，RepRap 开源 3D 打印机项目损失了一个重要的伙伴。

1.7　RepRap 的发展史

RepRap 是 Replicating Rapid Prototyper 的缩写，是一种以塑料为原材料的开源桌上 3D 打印机项目。RepRap 的精髓在于自我复制，即可以打印出自身的大部分组件。RepRap 项目在 2005 年由英国巴斯大学的机械工程高级讲师 Adrian Bowyer 博士创建。经过多年的发展，到目前为止已经开发出了几个主要的版本。这里我们简单地介绍一下。

1. Darwin

第一代产品是 2007 年 3 月发布的 Darwin（达尔文），如图 1-31 所示。

图 1-31　Darwin（达尔文）（图片来源：RepRap 社区）

2. Mendel

第二代产品为 2009 年 10 月发布的 Mendel（孟德尔），如图 1-32 所示。

图 1-32　Mendel（孟德尔）（图片来源：RepRap 社区）

相比于 Darwin（达尔文），Mendel（孟德尔）有了很大的改进，具体表现在以下几个方面。

（1）在节省桌面空间的情况下提高了打印尺寸。

（2）一定程度上解决了 Z 轴卡住问题。

（3）XYZ 各方向移动更有效率。

（4）简化组装。

（5）方便更换打印头。

（6）更轻，便于移动。

3. Huxley

第三代产品为 2010 年 8 月发布的 Huxley（赫胥黎），如图 1-33 所示。

图 1-33　Huxley（赫胥黎）（图片来源：RepRap 社区）

Huxley3D 打印机是原始 Mendel 打印机的小尺寸版，所以也称为 Mini Medal，Huxley 是 RepRap 第三代 3D 打印机。

Huxley 使用更细的 M6 丝杆和 M3 螺丝（Mendel 使用 M8 丝杆和 M4 螺丝），打印件只是 Mendel 系列的 1/3，所以复制自己的零部件会更快。但是这代产品并没有得到非常广泛的认可，反而是 Mendel 的一个派生产品——Prusa Mendel，由于设计更简单、稳定，因此变成了影响力最大的第三代产品（图 1-34）。

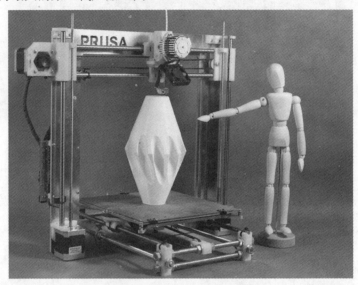

图 1-34　Prusa Mendel（图片来源：RepRap 社区）

丝杆框架结构的 Mendel 打印机有 X 轴方向抖动的缺陷，Prusa 重新设计了一个框架，这就是后来的 Pursa Medal I3。Pursa I3 的框架可以是亚克力、铝合金的激光切割件，也可以是木盒，并且安装更简洁，比原始 Mendel 更美观，同时解决了 X 轴抖动问题，这些优点使该机型变得非常流行。

1.8　开源 3D 打印技术存在的相关争议问题

任何一个新兴事物的出现总会伴随着各种争议，开源 3D 打印技术也不例外。针对开源 3D 打印技术争议一直较大的几个方面如下。

1. 道德的问题

由于 3D 打印技术在理论上是可以直接打印出人的活体组织的，就像克隆技术一样，到目前为止，围绕着这项技术涉及的道德问题的争议就从来没有中断过。到底怎么做才能不违反道德规律，没有很好的答案。

2. 知识产权的问题

由于 3D 打印技术的高度复制性，使得人们可以很轻易地就把别人拥有自主知识产权的东西复制出来，因此如何解决相关的知识产权问题将是我们首先需要亟须考虑的一个问题。否则，可能将会对整个 3D 打印技术创新积极性造成严重的打击。

3. 新的安全问题

有了 3D 打印技术，一些平时被社会禁止流动的物品，如枪支等得以轻易地被制造出来。这些物品由于具有高度的危险性，严重地威胁了社会的稳定性。因此如何制定相关的法律法规来填补相关方面的空白仍是相关法律部门亟须解决的问题。

虽然开源 3D 打印技术存在着以上几个方面的缺点，但是不可否认的是，开源 3D 打印技术在将来将会给我们的生活带来翻天覆地的变化。正如《经济学人》杂志曾评价的那样："伟大发明所能带来的影响，在当时那个年代都是难以预测的，1450 年的印刷术如此，1750 年的蒸汽机如此，1950 年的晶体管也是如此。而今，我们仍然无法预测，3D 打印将在漫长的时光里如何改变这个世界。"相信随着 3D 打印技术的发展，以及配套的法律法规的完善，3D 打印技术将会使人们的生活变得更好。我们期待这一天的到来。

第 2 章 开源 3D 打印硬件构成及组装

2.1 开源 3D 打印中的 Arduino

2.1.1 Arduino 的介绍

要介绍开源 3D 打印机，就不得不提及 Arduino，可以说，没有 Arduino 就没有今天桌面级低成本开源 3D 打印机的普及。Arduino 是一款便捷灵活、易于上手的开源电子原型平台，其硬件原理图、电路图、IDE 软件及核心库文件都是开源的，用户可以在开源许可范围内任意修改原始设计及相应代码。Arduino 宽松的开源政策使得其被大量低成本地生产，并占有 3D 打印硬件部分不小的市场。Arduino UNO 控制板如图 2-1 所示。

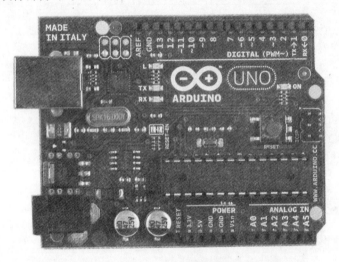

图 2-1　Arduino UNO 控制板（图片来源：Arduino.cc）

Arduino 开源的硬件开发平台包括一个易学易用的 I/O 电路板和一个基于 Eclipse 的软件开发环境。Arduino 的集成开发环境可以在 Windows、Macintosh OSX、Linux 三大主流操作系统上运行，而其他的同类型控制板开发软件大多只能在 Windows 上开发。同时，Arduino 也是一个基于简单单片机的开源物理计算平台，可以用来开发互动对象，并从各种各样的开关或传感器获得输入，从电机和其他物理设备输出（图 2-2）。Arduino 项目可以独立存在，也可以与运行在用户计算机上的软件相互通信。

Arduino 最初只是为了教学而开发的，从 2005 年之后进行了商业性运营。从那时起，Arduino 就逐渐因其易用性和耐久性在企业、学生以及艺术家群体中取得了极高的评价。Arduino 成功的另一个关键因素是，在知识共享许可下其所有的设计都是可以免费获得的，这使得 Arduino 不仅限于单片机板，还有许多和 Arduino 兼容的扩展板可以直接插在

Arduino 板上使用，并且几乎现实生活中所有领域都有对应的扩展板，这也极大地丰富了它的功能。

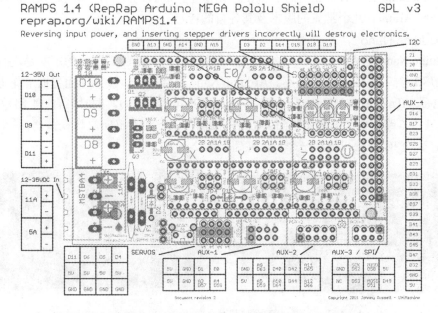

图 2-2　Arduino UNO 控制板的接口图（图片来源：Arduino.cc）

除此之外，Arduino 的流行还因为其具有以下特点。

（1）电路设计是完全开源的，开发环境也是开源的且可以在官网免费下载。

（2）使用性价比高的微处理控制器（AVR 系列控制器）。

（3）Arduino 支持 ISP 在线系统编程，可以为 AVR 单片机烧入引导程序（Bootloader），单片机也可以通过引导程序使用串行通信协议在线更新固件。

（4）可依据官方提供的控制板原理图进行修改，设计出符合自己需求的电路。

Arduino 的这些优点不仅使其在 3D 打印领域大放光彩，也降低了众多电子爱好者的电子开发难度，激发他们利用 Arduino 平台进行设计创作的兴趣。作为轻量级生产工具的典型代表，为适应设计院校需要而生的简易电子创作入门工具 Arduino，如今被应用到交互设计、新媒体艺术教育与创作、产品研发、科学实验、机器人研究等领域中（图 2-3）。

图 2-3　利用 Arduino 制作的四轴飞行器和游戏手柄（图片来源：网络）

2.1.2 Arduino 系列介绍

目前 Arduino 已经设计出各种各样的应用于不同场合的控制板以满足人们的需要。下面简单介绍 Arduino 几个常见的版本及其各自的特点。

1. Arduino Nano

Arduino Nano 是 Arduino USB 接口的微型版本，与其他版本最大的不同是没有电源插座并且 USB 接口是 Mini-B 型插座。Arduino Nano 小到可以直接插在面包板上使用，其处理器核心是 ATmega168（Nano2.x）和 ATmega328（Nano3.0），同时具有 14 路数字输入/输出口（其中 6 路可作为 PWM 输出）、8 路模拟输入、一个 16MHz 晶体振荡器、一个 mini-B USB 口、一个 ICSP header 和一个复位按钮（图 2-4）。

图 2-4　Arduino Nano 正面和背面（图片来源：开源硬件知识库）

2. Arduino Ethernet

Arduino Ethernet 是 Arduino 以太网接口版本，与其他版本最大的不同就是没有片上的 USB 转串口驱动芯片，而是用了 Wiznet 公司的 Ethernet 接口。Arduino Ethernet 的处理器核心是 ATmega328，同时具有 14 路数字输入/输出口（其中 6 路可作为 PWM 输出）、6 路模拟输入、一个 16MHz 晶体振荡器、一个 RJ45 口、一个 MicroSD 卡座、一个电源插座、一个 ICSP header 和一个复位按钮（图 2-5）。

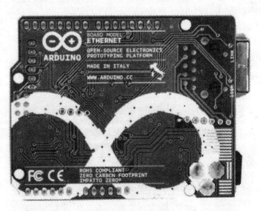

图 2-5　Arduino Ethernet 正面和背面（图片来源：开源硬件知识库）

3. Arduino LilyPad

Arduino LilyPad 是 Arduino 的一个特殊版本，是为可穿戴设备和电子纺织品而开发的。Arduino LilyPad 的处理器核心是 ATmega168 或者 ATmega328，同时具有 14 路数字输入/

输出口（其中 6 路可作为 PWM 输出，1 路可以用来做蓝牙模块的复位信号）、6 路模拟输入、一个 16MHz 晶体振荡器、电源输入固定螺丝、一个 ICSP header 和一个复位按钮（图 2-6）。

图 2-6　Arduino LilyPad 正面和 LilyPad 背面（图片来源：开源硬件知识库）

4. Arduino Due

Arduino Due 是一块基于 Atmel SAM3X8E CPU 的微控制器板。它是第一块基于 32 位 ARM 核心的 arduino 控制板，具有 54 个数字 IO 口（其中 12 个可用于 PWM 输出）、12 个模拟输入口、4 路 UART 硬件串口、84MHz 的时钟频率、一个 USB OTG 接口、2 路 DAC（模数转换）、2 路 TWI、1 个电源插座、1 个 SPI 接口、1 个 JTAG 接口、一个复位按键和一个擦写按键（图 2-7）。

图 2-7　Arduino Due 正面和背面（图片来源：开源硬件知识库）

5. Arduino Leonardo

Arduino Leonardo 是基于 ATmega32u4 的一个微控制器板。它有 20 个数字输入/输出引脚（其中 7 个可用于 PWM 输出，12 个可用于模拟输入）、一个 16 MHz 的晶体振荡器、一个 Micro USB 接口、1 个 DC 接口、1 个 ICSP 接口和一个复位按钮（图 2-8）。它包含了支持微控制器所需的一切，用户可以简单地通过把它连接到计算机的 USB 接口，或者使用 AC-DC 适配器，甚至直接用电池来驱动它。

Leonardo 不同于之前所有的 Arduino 控制器，它直接使用了 ATmega32u4 的 USB 通信功能。Leonardo 不仅可以作为一个虚拟的（CDC）串行/ COM 端口，还可以作为鼠标或者键盘连接到计算机。

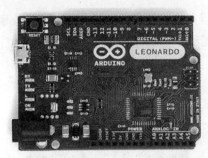

图 2-8 Arduino Leonardo 正面和背面（图片来源：开源硬件知识库）

6. Arduino Yun

Arduino Yun 是一个经典的 Arduino Leonardo 版本，它基于 ATmega32U4 微控制器，内嵌常用嵌入式设备的 Linux 发行版，运行 Linino。和 Leonardo 一样，它有 14 个数字输入/输出引脚（其中 7 个可用于 PWM 输出，12 个可用于模拟输入）、16MHz 晶体振荡器一个微型 USB 接口。除此之外，它还带 Wi-Fi 功能，可以通过 Wi-Fi 编程；有标准 A 型 USB 接口，方便用户连接自己的 USB 设备；同时有一个 micro-SD 卡插件，提供额外的存储空间（图 2-9）。

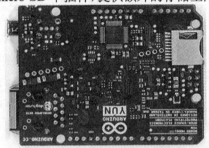

图 2-9 Arduino Leonardo 正面和背面（图片来源：开源硬件知识库）

图 2-10 为 Arduino 官方网站上的产品，这些产品根据控制芯片的性能和应用场合的不同大致分为 4 类：标准版 Arduino，小型 Arduino，高性能 Arduino，特殊型 Arduino。不同类型的开发板可满足不同使用者的需要。

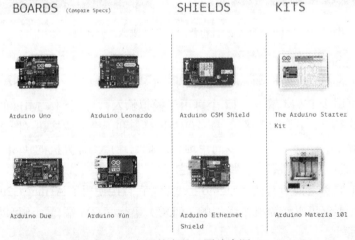

图 2-10 Arduino 官网的产品（图片来源：Arduino）

2.1.3　常见开源打印机的硬件电路

粗略地讲，开源桌面级 3D 打印机的组件主要可以划分为支架、热床、电源、控制板、驱动模块、步进电机、（加热）挤出头和限位开关等部分，其中控制板扮演着控制整个打印过程的"指挥官"角色，是整个打印过程的中枢神经。

如图 2-11 所示，开源桌面级 3D 打印机硬件的工作流程从 PC 开始，PC 中的上位机软件将得到的每一层模型信息（G-code 代码）传送到打印机的控制板上，控制板将得到的模型信息（G-code 代码）翻译成指挥各个组件的指令，启动控制步进电机运动的指令会交给对应的驱动模块，由驱动模块进一步将其细分，直接控制步进的运动；同时，打印机上的传感元件将打印过程得到的热床、挤出头的温度信息不断地反馈给控制板，控制板通过 USB 口反馈给上位机软件，最终显示在 PC 上，完成整个打印过程的人机交互。

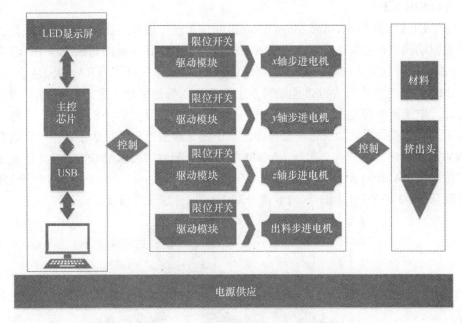

图 2-11　3D 打印的一般工作过程

1. Arduino Mega 2560

Arduino Mega 2560 是现在常用的开源 3D 打印机控制板之一，它使用 ATmega2560 作为主控芯片控制整个系统，搭配 RAMPS 1.4 扩展板和 A4988 驱动模块组成整个打印机的硬件电路（图 2-12）。

Arduino Mega 2560 最大的特点是有 54 路的数字信号输入输出，这是为需要大量 I/O 口通信的场景设计的，非常适合用作打印机与 PC 之间通信的控制板。Mega2560 的处理器核心是 ATmega2560，ATmega2560 具有 256KB 的闪存来存储代码（其中 8KB 被预留为启动引导项），另外还具有 8KB 的内存和 4KB 的 EEPROM，可以满足打印过程代码存储和翻译任务需求。除此之外，这块控制板还具有 4 路 UART 接口、1 个 16MHz 晶体振荡器、USB 口、ICSP header 以及 1 个复位按钮，同时兼容 Arduino UNO 设计的扩展板。

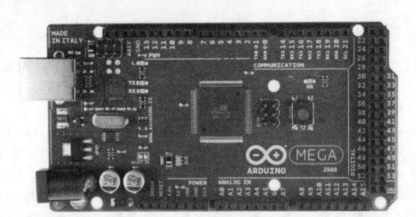

图 2-12　Arduino Mega 2560（图片来源：开源硬件知识库）

2. RAMPS 1.4

RAMPS 1.4 作为和 Arduino Mega 2560 搭配使用的扩展板，其设计初衷就是为了使用步进电机驱动模块，也就是后面介绍的 A4988 驱动模块。在实际的测试过程中，若直接对 Arduino 控制板进行供电极有可能烧毁 Mega2560 芯片，通常直接给 RAMPS1.4 供电即可。

RAMPS1.4 上负载的 A4988 驱动模块上需要加入散热铝片（图 2-13），如果没有加入散热铝片，电流需要控制在 1.2A 以下，防止 A4988 被烧毁。A4988 的电流大小和步进电机的扭矩具有直接关系，如果用户在打印过程中感觉步进电机的扭矩不足，可以调节电位器适当加大 A4988 上的电流。另外，A4988 板子细分配置需要 RAMPS 或者其他板子的短路块支持，以 RAMPS1.4 为例，其对应 A4988 的驱动都有 ms1、ms2 和 ms3 三个短路块，支持全细分、1/2 细分、1/4 细分、1/8 细分和 1/16 细分这 5 种模式。

图 2-13　RAMPS1.4 扩展板与 A4988 模块（图片来源：RepRap）

2.2　主流 3D 打印机控制板对比

打印机的控制板作为整个打印机的"大脑"控制和监视着打印机各个部件的一切活动。

从某种程度上讲，3D 打印机控制板的好坏直接决定了打印机的性能，也是打印机是否可以长时间按要求工作的重要保证。随着 RepRap 开源项目的发展，大量优秀的控制板被设计和制作出来，目前仅在 RepRap 官网上介绍的就已经超过了 20 种。选购控制板就像选购合适的衣服，不同的控制板有着不同的性能和特点，现如今市场流行的控制板已经基本可以满足 3D 打印机工作条件和任务的要求，用户只需要根据自己的实际购买能力和实际需要选择合适的控制板即可。需要注意的是，无论购买什么类型的控制板，都需要保证入手控制板的质量。

2.2.1 RAMPS 系列控制板

RAMPS，全称 RepRap Arduino Mega Pololu Shield，是目前为止最流行的一款控制板。它设计的目的是用低成本在一个小尺寸电路板上集成 RepRap 所需的所有电路接口。RAMPS 连接强大的 Arduino MEGA 平台，并拥有充足的扩展空间。除了步进电机驱动器接口外，RAMPS 提供了大量其他应用电路的扩展接口，它是一款更换零件非常方便、拥有强大的升级能力和扩展模块化设计的 Arduino 的扩展板。目前市售 RAMPS 系列控制板的价格在 50 元左右（图 2-14）。

图 2-14 RAMPS 控制板（图片来源：RepRap）

RAMPS（1.4 版）的特点具体如下。

（1）支持其他器件的控制扩展。

（2）支持组件和其他安全设施的 5A 过流保护（可选）。

（3）支持 SD 存储卡扩展。

（4）支持两个 Z 轴电机同时工作（支持 Prusa Mendel 系列）。

（5）最多支持 5 路步进电机驱动模块。

（6）板载 3 个 MOSFET 驱动器，支持加热器/风扇和 3 个热敏电阻器电路。

（7）热床具有 11A 的限流保护。

（8）I^2C 和 SPI 引脚可以用来维持未来硬件扩展。

2.2.2 Melzi 系列控制板

Melzi 系列控制板遵循 RepRap 开源项目中的"DIY"理念，却走了一条和 RAMPS 完全不同的路线。当有的 DIY 爱好者不愿意，或者没有相应的知识去设计和制作一块控制板而更愿意集中精力于机械设计和软件方面时，Melzi 能满足他们的需求。简而言之，这是一款即插即用的、简单且易于直接上手的 RepRap 主控电路板（图 2-15）。

图 2-15　Melzi 控制板（图片来源：RepRap）

从图 2-15 中可以看到，控制板上已经十分清晰地标出了各个组件的作用，用户只需要根据 Melzi 板上的印刷提示就可以完成与打印机各组件的连线工作，十分方便。

与 RAMPS 系列控制板一样，Melzi 控制板也是基于 Arduino 套件的扩展板，但它是一个完整组装好的 RepRap 主控板。一体化设计使其和 RAMPS 控制板相比，稳定性有所提升，但扩展能力有所下降。Melzi 控制板能够支持大功率的热床和挤出头加热模块而不需要外接继电器，这是目前其他控制板很难做到的。另外需要注意的是，也正是由于这款控制板的各个模块电路全部焊接在电路板上，如果使用过程中发现一个模块不能正常工作了，用户就需要更换整块电路板。目前，市售 Melzi 系列控制板的价格在 180~240 元不等。

Melzi（2.0 版）的特点具体如下。

（1）使用的处理器：ATMEGA1284P。

（2）板载 FT232RL 接口转换芯片。

（3）板载 Mini SD 卡插槽，可实现脱机打印。

（4）板载迷你 USB 接口。

（5）集成 4 个 A4982 步进电机驱动模块。

（6）集成 3 个 MOSFET 驱动器热端、热床和风扇。

（7）控制板中无可扩展焊接点。

（8）标准尺寸：210mm×50mm×17mm。

2.2.3 Sanguinololu 系列控制板

Sanguinololu 控制板是 RepRap 开源打印机项目中另一个低成本、一体化的解决方案。板载一个与 Arduino 最小系统相似的 Sanguino。Sanguinololu 使用 ATMEGA644P 芯片，同时也兼容 ATMEGA1284，并为步进电机提供兼容 Pololu 引脚的步进驱动程序。这款开发板提供了一个友好的扩展端口，支持 I^2C、SPI、UART 端口，以及 ADC 引脚。主板设计者在设计时也充分考虑到了电源的灵活性，使得该款控制板支持 ATX 电源，用户也可以根据自己的需要安装电压调节器来适配 7V~30V 电压（图 2-16）。

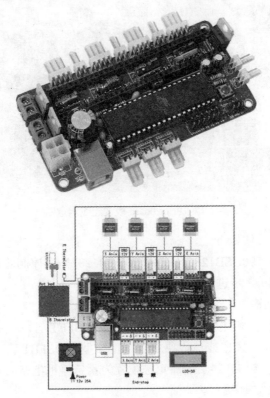

图 2-16　Sanguinololu 控制板（上）机连线示意图（下）（图片来源：RepRapWiki）

与 RAMPS 相比，Sanguinololu 系列控制板也采用了一体化设计，在一定程度上降低了控制板的扩展能力，提高了安全性与稳定性。目前市售 Sanguinololu 系列控制板的价格约为 250 元。

Sanguinololu（1.3 版）的特点具体如下。

（1）支持多种通信接口，如 UART、I^2C、SPI、PWN PIN、ADC。

（2）支持多电源配置。

（3）支持 LCD 控制模块，可实现脱机打印。

（4）支持 4 个步进驱动控制板模块。

（5）板载 2 个 N 型 MOS 管，可驱动挤出机加热头或其他外围设备。

（6）13 个额外的引脚，可用于扩大和开发。

（7）标准尺寸：100mm×50mm。

2.2.4　Printrboard 系列控制板

Printrboard 是由 Printrbot 系列 3D 打印机设计团队开发设计的，新版的 Printrboard 在继承了原有的 RepRap 控制板的功能的同时做了一些改进，这些改进包括添加 SD 存储卡支持，支持 1/16 细分步进点击驱动程序。Printrboard 也有扩展接口，支持 I^2C、SPI、UART、ADC 通信引脚（图 2-17）。

图 2-17　Printrboard 板及连线示意图

Printrboard 的特点具体如下。

（1）板载 Atmel AT90USB1286（或 AT90USB1287）微控制芯片。

（2）板载 4 个 A4982 步进电机驱动模块。

（3）板载 SD 卡插槽。

（4）板载驱动挤出头和热床独立配置的 N 型 MOSFET 管。

（5）板载驱动小功率风扇或马达独立配置的 N 型 MOSFET 管。

（6）4 路限位开关接口（最后一路可被配置为紧急停机电路）。

（7）板载专用的 I^2C 连接口。

（8）支持两路热敏电阻连接。

（9）支持多电源配置（继承于 Sanguinololu 控制板）。

（10）14 个可扩展引脚。

（11）标准尺寸：100mm×60mm。

2.3　桌面开源 3D 打印机的分类

目前，如果按照工作方式来划分，主流的个人 3D 打印机可以分为笛卡尔式打印机（俗称 *XYZ* 轴式）和并联臂式打印机（俗称三角洲式）两种。本节还将介绍一种不常见的旋转平台式 3D 打印机。一般来说，笛卡尔式打印机的打印精度更高，但是打印花费的时间会更长；并联臂式打印机打印的速度更快，精度可能会不及笛卡尔打印机。本节首先介绍开源打印机的发源地——RepRap 社区。

2.3.1　开源社区 RepRap 的介绍

直到今天，一台工业用的打印机的售价仍然可以高达几万元，甚至几十万元人民币，这么高昂的价格是普通人所无法忍受的。在 Arduino 开源硬件的支持下，3D 打印机的硬件和价格得到了极大程度的降低，但这对于 3D 打印机的低成本化发展与普及来说还是远远不够的。在此前提下，一些有勇气"吃螃蟹"的创客聚集在一起，组织创建了与 3D 打印相关的开源网络社区，将自己为个人 3D 打印机做出的贡献无偿地共享。在这些中文或者英文的开源社区中最有名的要属 RepRap 社区（http：//www.reprap.org/），如果用户想了解更多开源 3D 打印机的相关信息，该社区将会是个很不错的选择（图 2-18）。

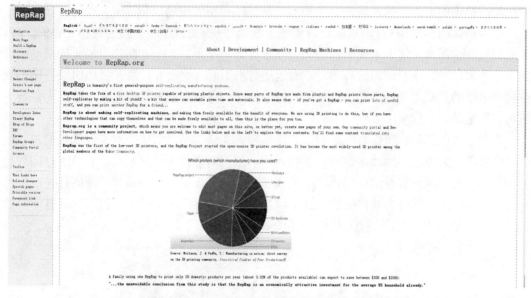

图 2-18　RepRap 网站（图片来源：RepRap）

正如前面一章介绍过的，RepRap 是世界上第一台低成本开源打印机，同时 RepRap 开源项目也是整个世界的开源 3D 打印机革命的源头，是世界上最大的开源 3D 打印机爱好者的交流平台。不仅如此，RepRap 也是一个开放的交流工程，用户甚至可以修改它主页上的内容，创建属于自己的页面，也可以将英文翻译成自己国家的语言，方便全世界的 3D 打印机爱好者浏览与查阅。

2.3.2　笛卡尔式 3D 打印机

顾名思义，笛卡尔式打印机就是将机械运动的方向像笛卡尔坐标一样分为 3 个相互垂直的直线，分别记为 X 轴、Y 轴和 Z 轴。要做到打印机能在 3 个轴独立运动就至少需要 3 个独立电机，每个电机的运动步伐需要得到精准控制，且每次转动带动传送带运动的度数要足够得小。现在笛卡尔类型的 3D 打印机一般都采用"42 系列两相步进电机"，也就是俗称的"42 步进电机"（图 2-19）。

图 2-19　42 步进电机（图片来源：网络）

"42 步进电机"的步距精度可以达到 5%，每转动一步通常为 1.8°，若能通过细分控制步进电机，则可以使其精度达到 1 毫米。在强大的计算机数字控制系统（CNC）的支撑下，笛卡尔型的 3D 打印机可以精确地驱动步进电机，使喷嘴沿着线性轴运动，在指定位置快速而精确的定位，通过熔积成型技术实现打印模型的快速成型。

　　笛卡尔式结构的 3D 打印机是目前市场上最为普及的机型，也是发展较为完整的一种，商业化程度也最高。笛卡尔式结构的优点在于计算量简单，3 个方向的电机分别带动喷嘴向 3 个方向运动，在打印的过程中，Z 轴运动与水平面（桌面）垂直，打印时被打印的物体随着热床的前后运动而运动，Z 轴和 Y 轴电机则负责控制挤出机随着打印层次的需要上下和左右运动。

　　笛卡尔式的打印机工作时，X，Y，Z 坐标系计算量较小，结构相对来说比较简单，组装及维修都较为方便，因此很适合初学者入手。但其对硬件要求比较高，在 3D 打印兴起的初期，这些需求没有办法很好地满足，现在由于 Arduino 及其一系列开源硬件控制板的问世，笛卡尔式打印机的硬件依赖得到了满足，这在一定程度上推进了笛卡尔式打印机的普及。笛卡尔式 3D 打印机的代表 Prusa Mendel 系列如图 2-20 所示。

图 2-20　笛卡尔式 3D 打印机的代表 Mendel 系列（图片来源：RepRap）

2.3.3　并联臂式 3D 打印机

　　正如前面所介绍的，笛卡尔式的 3D 打印机计算量较小，但其对硬件的浮点运算能力要求很高。在此之前，人们想出了用并联臂结构来减少笛卡尔式打印机的硬件负担的方法。并联臂的优点在于其结构简单，不容易受制于硬件，其数学原理实际上还是笛卡尔坐标系。并联臂式打印机通过三角函数将 X，Y 轴的坐标映射到三个垂直于桌面（水平面）的轴上去，通过三个轴的运动来达到移动喷嘴的目的。

　　并联臂式的打印机一般呈三棱柱形，由三棱柱上的滑块确定了喷嘴的位置。这样的结构设计不仅能节省空间，而且能极大地提高打印速度。当然这样的机械结构要远比传统的笛卡尔式 3D 打印机复杂，其运行速度使打印机对挤出喷嘴的质量和可靠性提出了很高的要求，为了完成对打印机的控制，相对应的写入控制板的固件也比笛卡尔式打印机复杂得多。此外，并联臂式的打印机调试过程会比传统的笛卡尔式打印机更加复杂，初学者一般需要做好相应的准备再进行选择购买和组装，并联臂式 3D 打印机的代表 kossel 系列如图 2-21 所示。

图 2-21　并联臂式 3D 打印机的代表 Kossel 系列（图片来源：网络）

2.3.4　旋转平台 3D 打印机

旋转平台 3D 打印机与常见的笛卡尔式打印机相比，最大打印面积增加了 200%，零件数量减少了 30%，这些亮点可能在未来进一步放大，成为自制 3D 打印机爱好者追捧的又一热点。

旋转平台采用是极坐标系转换的数学原理，即将笛卡尔式的坐标映射到极坐标系上。在打印过程中，配套的软件系统会自动将从打印机可以直接识别的 G-code 代码中提取出 X，Y，Z 轴的数据，并将其转化为极坐标。

名为 Blacksmith Printr 旋转平台 3D 打印机在打印过程中，圆形的打印平台持续地向一个方向旋转，而出料喷嘴则沿着直线从圆形打印平台的中心到边缘移动。这种设计使喷嘴和普通的打印机相比节省了一半距离，同时极大地减少了喷嘴所需的支撑，使 3D 打印机的结构更加紧凑，但是旋转平台打印机的切片算法很复杂，打印前期处理工作耗时较多，旋转平台 3D 打印机的代表 Pimaker 系列如图 2-22 所示。

图 2-22　旋转平台 3D 打印机的代表 Pimaker 系列（图片来源：天工社）

2.4　市面常见桌面 3D 打印机介绍

现如今，桌面 3D 打印机的种类繁多，发展迅速，不同 3D 打印机的特点和价格相差也很大。限于篇幅本节只以现今市场上最常见的几款 3D 打印机为例，进行简单的介绍。

2.4.1　MakerBot 系列

MakerBot 是一家位于美国布鲁克林的 3D 打印机制造和生产公司，现已经被工业巨头 Stratasys 公司收购，成为其一部分。MakerBot 系列 3D 打印机可以称得上 3D 打印机界的"元老"，谈起 3D 打印机行业，几乎没有人不知道它的名字。MakerBot 公司最初的产品 CupcakeCNC，以及 Thing-O-Matic 打印机都源于开源项目 RepRap，但在其商业化运行后其新产品就不再开源（图 2-23）。

图 2-23　MakerBot 系列 3D 打印机

（图片来源：MakerBot 从左往右依次为 Cupcake CNC、Thing-O-Matic 和 Replicator-2）

MakerBot 系列的目标是家用桌面市场，使用的是常见的熔积成型技术，并以 ABS（聚合树脂材料）和 PLA（聚乳酸塑料）为打印原材料。如果想入手 MakerBot 系列打印机，可以优先考虑 MakerBot Replicator 2，这款打印机被认为是稳定性最好的一款桌面家用打印机。金属外壳，内置 Led 蓝光灯，在打印过程中也会有多层塑料保护正在打印的物体。另外，这款打印机的打印分辨率可以达到 0.1mm，完全可以满足普通 3D 打印用户的需要。该打印机的售价为 2199 美元左右，约 1.65 万人民币。

2.4.2　Ultimaker 系列

和 MakerBot 系列打印机一样，Ultimaker 系列也发轫于 RepRap 开源项目，其项目的发展也经历了很长的时间。不过 MakerBot 在商业化之后就不再开源，Ultimaker 却一直坚持着开源的精神。这是一款为数不多的真正开源的 3D 打印机，用户可以在其官网上找到打印机的零件清单和硬件组装图纸，甚至可以将其进行优化后挂上自己的商标出售。

Ultimaker 在当时可以称得上是最快、最精准的 3D 打印机，其打印范围是 210mm×210mm×210mm，使用 ABS 塑料和 PLA 塑料为打印原材料（图 2-24）。和 MakerBot 一样，它也采用了熔积成型技术，使用 PLA 为打印原材料时，其打印精度最高可以达到 20μm。与 MakerBot 不同的是，Ultimaker 的马达安装在打印机的框架上而不是喷嘴上，MakerBot 通过移动平台进行打印，Ultimaker 则是依赖于喷嘴的移动，所以 Ultimaker 的喷嘴质量更为精巧，打印速度也得到了大幅度的提升。这款打印机的官方售价为 1194 欧元约 2.2 万人民币。

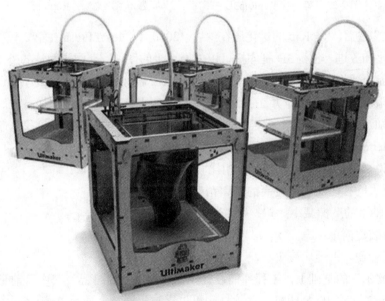

图 2-24　Ultim ker3D 打印机（图片来源：Ultimaker）

2.4.3　Prusa Mendel 系列

世界上第一台 RepRap 打印机（这里指具有复制能力）是由英国巴恩大学博士 Adrian

Bowyer 在 2007 年开始研发成功后被取名为达尔文（Darwin）。这台打印机可以制作出另一台相同机器的零件，也就是 RepRap 开源项目所追求的自我复制能力。可以说 RepRap 开源项目的出现打破了 3D 打印机价格的壁垒，使得普通消费者有机会购买一台属于自己的 3D 打印机，如图 2-25 所示。

图 2-25　第一代 RepRap3D 打印机：达尔文（图片来源：RepRap）

"达尔文"过后，RepRap 的进化还在继续。2010 年，Josef Prusa 在第一代打印机的基础上进行了优化和改进，使得 3D 打印机可以使用更少的硬件，获得更简洁的外观，但保留了绝大部分功能。他将改进后的这一款打印机命名为"孟德尔"（Mendel）。Mendel 的出现大大减少了打印机的占地面积，并在前几代的基础上极大地提高了打印机的精确度和性能。

我们都知道孟德尔是遗学之父，这款打印机继续保持了 RepRap 自我复制的精神，从 Darwin 到 Mendel，设计者的命名暗示着 RepRap 遗传繁殖能力的继续。

总的来说，Mendel 和上一代产品相比具有如下优点。

（1）更大的打印面积，更高的打印精度；

（2）Z 轴上的摩擦减小；

（3）组装更简单；

（4）更轻便，占地面积更小。

在"孟德尔"的基础上，工程师们设计出了不少的衍生产品，其中目前最有名的要属 Mendel Prusa I3 这款 3D 打印机。这款打印机以设计组中核心成员 Prusa 命名，Prusa I3 系列包含了前几代 Prusa 设计过程的经验教训，使得机器更加稳定、轻便，同时龙门架式的外观非常适合国人的审美观念，如图 2-26 所示。

Prusa Mendel I3 堪称低成本开源 3D 打印机的典范，在国内的组装成本大约为 1500 元，较为适中。下面以 Prusa Mendel I3 为例详细讲解其组装过程。

(a) (b)

图 2-26　3D 打印机：Mendel（左）Prusa Mendel I3（右）（图片来源：RepRap）

2.5　RepRap 开源硬件及组装

　　学会自己动手组装 3D 打印机能很好地锻炼学习者的动手能力，同时在组装过程中逐渐熟悉 3D 打印机，为后面的学习加深一些理解。

　　本节将以综合性能较好、易于初学者入手的 Mendel 系列为例，详细讲述其组装和调试过程。这里选择的是改进版本的 Prusa Mendel I3 套件来组装。组装 3D 打印机是一件非常有趣的事情，初学者第一次组装过程中可能会遇到各种各样的问题，需要自己反复的推敲组装过程，而这些都是深入学习、了解 3D 打印技术的一种方式。对于初学者，建议以学习开源打印机为基础，一方面组装所需零件相对比较廉价易得；另一方面，在互联网上开源打印机的资料较多，在出现问题后可以查阅资料解决。挑选和组装一样都是一个细致的过程，多查阅一些资料，总有一款开源 3D 打印机会符合你的要求（图 2-27）。

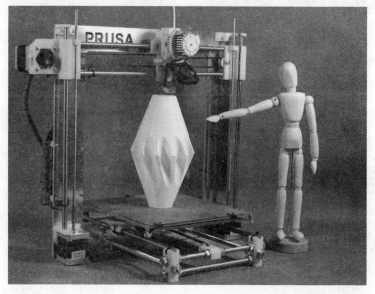

图 2-27　RepRap 社区提供的 Prusa Mendel I3 照片（图片来源：RepRap）

2.5.1 Prusa Mendel I3 材料清单

1. 控制板清单

Prusa Mendel I3 的控制板结构及其组成如图 2-28~图 2-31 所示。

图 2-28　Arduino 2560 主控板

图 2-29　RAMPS1.4 控制板

图 2-30　A4988 驱动模块

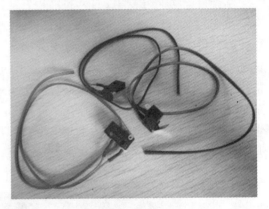

图 2-31　限位开关

2. 五金件清单

Prusa Mendel I3 五金件，如图 2-32~图 2-37 所示。

图 2-32　605ZZ 轴承

图 2-33　螺母与垫片

图 2-34 进料齿轮与 U 型导轮

图 2-35 直线轴承

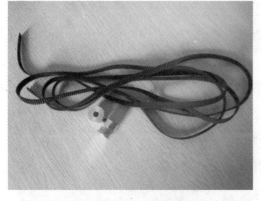

图 2-36 同步轮和同步带

图 2-37 弹簧件

3. 塑料关节

塑料关节的作用是连接打印机各组件，这些都是由另外一台 3D 打印机打印而成，是可以复制的（图 2-38）。

图 2-38 打印机的塑料关节

4. 打印机支架

Prusa Mendel I3 打印机亚克力版支架如图 2-39 所示。

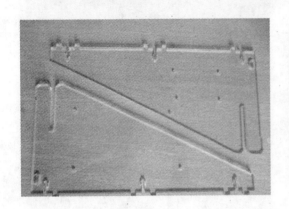 

图 2-39 亚克力板支架

5. 其他电子元器件

组装 Prusa Mendel I3 所需的其他电子元器件如图 2-40~图 2-45 所示。

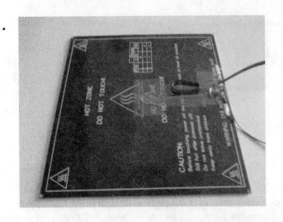 

图 2-40 MK 热床   图 2-41 电源（12V，30A）

 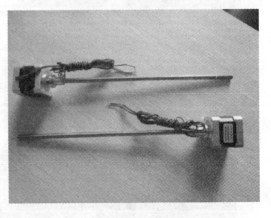

图 2-42 步进电机   图 2-43 丝杆电机

图 2-44　热挤出头

图 2-45　风扇

6. 导线及螺杆

组装 Prusa Mendel I3 所需的导线和螺杆如图 2-46 和图 2-47 所示。

图 2-46　电源线、数据线和扎带

图 2-47　螺杆

详细的清单和各零件的型号可以在社区和 3D 打印机的相关论坛找到。在确认安装所需的零部件全部齐全之后，就可以开始组装了。

2.5.2　Prusa Mendel I3 的组装过程

1. 安装 X 轴同步带导轮

将两个轴承穿进编号为 1 的塑料件里，并用螺丝、螺母将其固定，备用，如图 2-48 和图 2-49 所示。

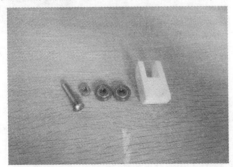

图 2-48　安装 X 轴同步带导轮所需零部件

图 2-49　安装 X 轴同步带导轮后的效果图

2. 安装底盘前座及后座

将同步带导轮（即第一步得到的零件）和编号为 2 的两个塑料件以及两根长为 205mm 的螺杆（图 2-50）按如图 2-51 所示的结构组装在一起，备用。注意同步带导轮两边的螺丝不要拧得太紧，以方便后续整体组装。

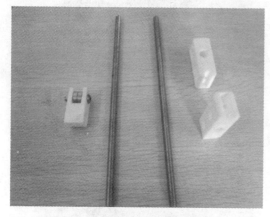

图 2-50　安装底盘前座所需零部件

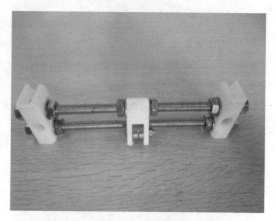

图 2-51　安装底盘前座后的效果图

取编号为 2 和编号为 3 的塑料件，以及长为 205mm 和长为 310mm 的螺杆（图 2-52），按如图 2-53 所示的结构组装在一起，备用。这一步也需要注意，因为需要和其他已组装好的零部件对接，所以中间塑料件需要严格按照图 2-53 所示方向安装，且不要将各个螺丝拧得太紧，以方便后续整体组装。

图 2-52　安装底盘后座所需零部件

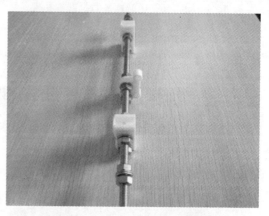

图 2-53　安装底盘后座后的效果图

3. 安装底盘

将第二步和第三步得到的部件组装在一起，完成底盘安装，备用（图 2-54、图 2-55）。前后座中间的同步导轮和塑料件两边的螺丝不要固定得太紧，以方便后续步骤中与支撑框架的安装与对接，在底盘可以平稳放置的前提下将所有螺丝固定。若所有螺丝固定后仍无法平稳放置，可将连接前后座螺杆上的螺丝适当拧松。

图 2-54　安装底盘所需零部件

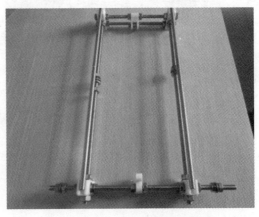
图 2-55　安装底盘后的效果图

4. 安装 3D 打印机支撑框架

这里我们使用按图纸切割出的亚克力板来作为支撑框架，亚克力板的韧性好、质量轻、价钱中等，容易被初学者接受。因其优越的特性，亚克力板被广泛地应用于交通、建筑等领域。但其硬度不够，长时间运输可能导致其变形甚至折断，在 80~100℃时易弯折。有条件的初学者可以使用铝板作为支撑框架，效果会更好。安装完毕后放置一旁备用（图 2-56、图 2-57）。

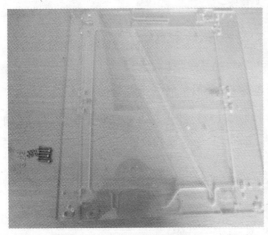
图 2-56　安装支撑框架所需零部件

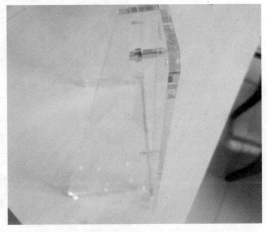
图 2-57　安装支撑框架后的效果图

5. 组装加热底板

将编号为 4 的塑料件和剩下的亚克力板（图 2-58），按如图 2-59 所示的结构组装在一起。这里用的螺母是自锁性的，在安装过程中会出现很大的阻力，因此要小心地将它们拧合在一起，这块个件将作为加热板的底座，而亚克力板上的塑料件将成为加热板在 X 轴皮带的主要受力部位。

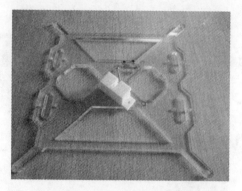

图 2-58　安装加热底板所需零部件

图 2-59　安装加热底板后的效果图

6. 组装底板

完成第 5 步组装之后，就得到了加热底板、底盘和支承框架这 3 个部件，它们已经将 3D 打印机的骨架搭建出来，下面进一步将这些部件组合起来（图 2-60）。

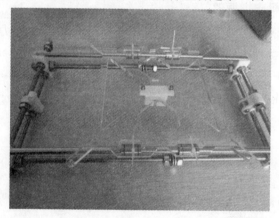

图 2-60　安装底板后的效果图（近景）

将 2 根长为 380mm 的光滑导轨、4 个直线轴承以及已经组装好的底盘、加热板，按如图 2-61 所示的结构固定在底座上，塑料件方向朝下，加热底板和直线轴承之间用扎带固定紧，完成这一步，打印机的底盘安装就完成了。

图 2-61　安装底板后的效果图（远景）

将安装好的底盘和打印机支撑框架组装在一起，拧紧并保持底座和打印机能平稳地放置在水平桌面上。安装好后放置备用。

7. 组装 Y 轴

取编号为 5 和 6 的塑料件和 4 个直线轴承（图 2-62），4 个轴承按图 2-63 所示分别塞入两个塑料件中，备用。

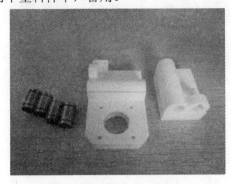

图 2-62　安装 Y 轴所需零部件（1）　　　　图 2-63　安装 Y 轴后的效果图（1）

将得到的两个部件和 3 个直线轴承、1 个轴承和长为 370mm 的光滑导轨（图 2-64）按图 2-65 所示的结构组装在一起，轴承需要用螺丝螺帽固定在塑料件 6 对应的圆孔中。

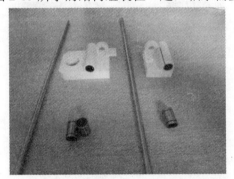
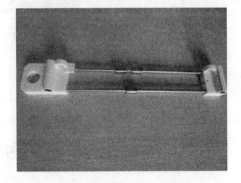

图 2-64　安装 Y 轴所需零部件（2）　　　　图 2-65　安装 Y 轴后的效果图（2）

取编号为 7 的塑料件和扎带若干，先将扎带按如图 2-66 所示的形式穿进塑料件，再将塑料件用扎带固定在完成图 2-65 组装后，得到部件的直线轴承上如图 2-67 所示，安装完成后放置备用。完成这一步，Y 轴电机的支撑部分就安装完成了。

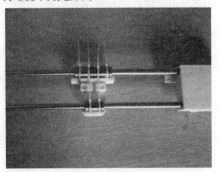

图 2-66　安装 Y 轴所需零部件（3）　　　　图 2-67　安装 Y 轴后的效果图（3）

8. 固定 X，Y，Z 轴电机

取编号为8的塑料件，如图2-69将其安装在打印机支撑框架的正面的左下角和右下角，这一步是安装Z轴电机的固定部分，再将两个Z轴电机固定在对应的位置，拧紧螺丝。

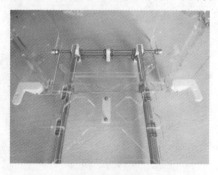

图 2-68　固定 Z 轴所需零部件

图 2-69　固定 Z 轴后的效果图

取第 7 步安装得到的 Y 轴部件和两根长为 300mm 的滑杆，将其按如图 2-70 所示的结构安装在 Z 轴电机的丝杆上，之后取一个步进电机和同步轮，将其按照如图 2-71 所示的结构安装在 Y 轴的左侧对应位置。Y 轴电机与塑料件之间，同步轮与步进电机之间不要固定太紧，方便后续步骤的安装与调试。完成这一步，Y 轴电机和 Z 轴电机的固定就完成了。

图 2-70　固定 Y 轴所需零部件

图 2-71　固定 Y 轴后的效果图

取一个步进电机，将其安装在底盘后座的塑料件上，并将其固定（图2-72）。取编号为 9 的两个塑料件，将它们按图 2-73 所示的方式分别安装在支撑框架的左上角和右上角，将固定 Z 轴电机的滑杆固定在塑料件对应的空隙中，这一步是为了防止打印机在运行过程中由于 Z 轴电机的丝杆振动而导致打印错位。

图 2-72　固定电机所需零部件

图 2-73　固定电机后的效果图

9. 安装 X 轴和 Y 轴的传送带

取两根长约 1 米的三角带，皮带的一端绕过对应步进电机的同步轮，另一端绕过对应的导轮（或者轴承），皮带的断口按照图 2-74 和图 2-75 的方式卡进齿中，若有多余的部分用扎带扎起。

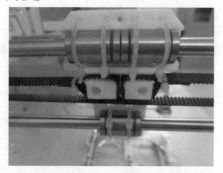 

图 2-74　安装 X 轴和 Y 轴的传送带所需零部件　　图 2-75　安装 X 轴和 Y 轴的传送带后的效果图

皮带安装完成后，还需要将两个自锁弹簧卡进塑料件附近的位置，防止电机在运行过程中皮带拉伸收缩带来的打印误差（图 2-76）。

图 2-76　安装后的效果图

10. 安装加热板

将热床导线和 Led 指示灯焊接在热床地板上（图 2-77），并用耐热的高温胶带固定。将焊接好的热床安装在加热底板上，四个角垫上弹簧（图 2-78），这一步，四个角的螺丝不要拧得太紧，但要尽量保持加热板水平。

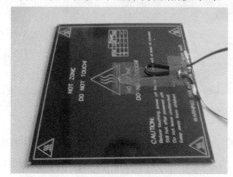 

图 2-77　安装加热板所需零部件　　　　图 2-78　安装加热板后的效果图

11. 安装挤出机部分

取编号为 10 的塑料件，轴承和对应的螺丝（图 2-79），将轴承用螺丝安装在如图 2-80 所示的位置。安装在这里的轴承将会和进料齿轮一起，构成 3D 打印机的送料部分，故轴承需要能够自由滑动。这个塑料件打印过程中需要支撑，轴承放置的地方可能会很不光滑，可以在安装前用小刀将其清理干净。穿过轴承的螺丝不要拧得太紧，这样做一方面是为了保证轴承的自由滑动；另一方面，该塑料件的螺丝连接部分比较脆，拧紧会导致其断裂。

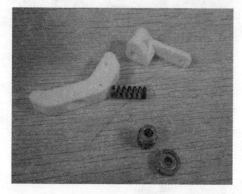 

图 2-79　安装挤出机部分所需零部件（1）　　　图 2-80　安装挤出机部分后的效果图（1）

在进行下一步安装前，建议先将 Z 轴电机的线路用扎带扎起来，以免在后续安装过程中被缠绕或被拉断。

取一个步进电机和编号为 11 的塑料件，将其按如图 2-81 所示的形式和前面得到的部件组装在一起，之后将进料齿轮安装在步进电机轴上，位置要使齿轮刚好可以带动轴承转动。

图 2-81　安装挤出机部分后的效果图（2）

取编号为 10 的塑料件、挤出机和两个风扇（图 2-82，图 2-83），先将该塑料件固定在 Y 轴的塑料件上，再将挤出机、两个风扇和上一步安装了进料部件的步进电机安装在编号为 10 的塑料件上，安装后的效果图如图 2-84 所示。

图 2-82 安装挤出机部分所需零部件（2）

图 2-83 安装挤出机部分所需的零件（3）

注意，安装在喷嘴上的两个风扇都是用来给喷嘴散热的，需要保持风扇的风吹向加热喷嘴或者散热片。如果为了美观而将其有商标纸的一面（图 2-85）朝外安装，那么，该风扇的电源线在接电源时可能需要将正负极反接。

图 2-84 安装挤出机部分后的效果图（3）

图 2-85 安装挤出机部分后的效果图（4）

12. 安装限位开关

限位开关安装所需零部件及其安装后的效果图如图 2-86~图 2-90 所示。

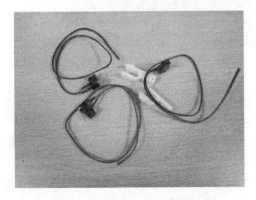

图 2-86 安装限位开关所需零部件

图 2-87 安装限位开关后的效果图

取剩下的塑料件与限位开关进行组装，如图 2-87 所示，将得到的 3 组限位开关组件分别安装在 Y 轴（图 2-88 所示），Z 轴（图 2-89 所示），X 轴（图 2-90 所示）。注意 3 个限位开关组件需要区分安装位置，否则在打印机回到初始位置时不能达到限位目的，而造成机械损坏。

图 2-88　Y 轴限位开关

图 2-89　Z 轴限位开关

图 2-90　X 轴限位开关位置

13. 安装电路

电路安装所需部件及其安装后的效果图如图 2-91~图 2-93 所示。取控制板 Arduino 2560 与 RAMPS1.4 及 A4988 驱动模块（4 个），先按图 2-92 所示，将 A4988 驱动模块安装在 RAMPS1.4 控制板上，注意严格区分安装方向及位置，否则将在通电后烧毁电路板。有条件的用户可以在 A4988 的 4 个芯片上粘上散热铝片（如图 2-94 所示），有助于控制板散热提高打印稳定性。之后将 Arduino 安装在亚克力板上的对应位置，将上一步得到 RAMPS1.4 控制板安装到 Arduino 控制板上即可。

图 2-91 安装电路所需零部件

图 2-92 第一步安装后的效果图

图 2-93 最终安装后的效果图

图 2-94 电源接线与实物连线图

需要注意的是，A4988 驱动模块的插入有方向之分，有电位器的一段需要向上，方向插反模块就会烧毁。

14. 安装电源

开关电源接线，黄、绿、棕、分别接上 220V 地线、火线、零线（图 2-94）。两组黑线为开关电源 12V 输出。RAMPS1.4 电路板的连线方式如图 2-95 所示。其最终安装完成的效果图如图 2-96 所示。

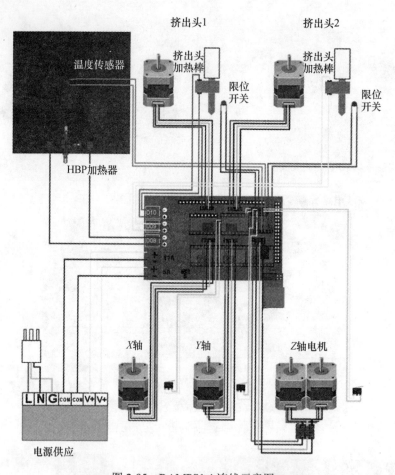

图 2-95　RAMPS1.4 连线示意图

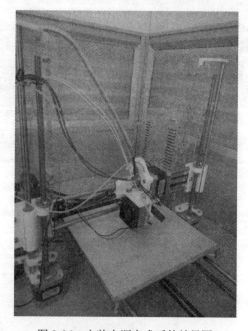

图 2-96　安装电源完成后的效果图

2.5.3　固件的组装和烧录

在完成上述步骤后，Prusa Mendel I3 的硬件组装部分就已经完成了，接下来就是 PC 上 Arduino 驱动的安装和固件的烧写过程。在进行安装之前，用户需要在 Arduino 官网下载 Arduino mega 2560 的驱动，Arduino 开发环境 Arduino IDE 以及打印机控制板的固件，这里选择 Marlin 作为打印机固件。

1. 驱动的安装

（1）在确定 RAMPS1.4 扩展板和 Arduino 主控板插槽接触良好之后，连接 USB 线到计算机，Windows 7 会自动识别并安装主控板的串口驱动；如果驱动无法自动安装，就需要手动地安装驱动。具体步骤为：右键单击"我的计算机"→"管理"→"设备管理器"（图 2-97）。

图 2-97　驱动安装步骤（1）

（2）找到没有被识别的端口，右键单击"更新驱动程序"，之后在弹出的对话框里选择"浏览计算机以查找驱动程序软件"（图 2-98）。

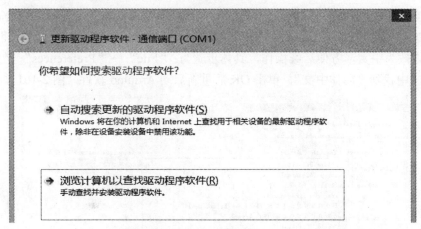

图 2-98　驱动程序安装步骤（2）

（3）在下一个弹出的窗口中选择下载好的 Arduino 驱动，注意将整个文件夹选中，之后执行下一步操作（图 2-99）。

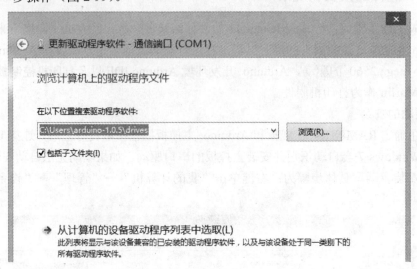

图 2-99　驱动程序安装步骤（3）

（4）如果驱动安装成功后，"设备管理器"中刚刚未识别的设备将会消失，在安装完成之后，记下 Arduino Mega 2560 的端口号，此处为"COM23"（图 2-100）。

图 2-100　驱动程序安装步骤（4）

2. 固件的刷写

（1）安装完驱动程序之后，剩下的就是将固件刷进 Arduino 控制板，这里需要借助 Arduino IDE 的帮助来完成。从官网上下载完成后，安装得到 Arduino IDE，这里将 Arduino 的默认语言改为中文，方便后续操作，具体步骤为："File"→"Preferences"。在"Editor language"中找到"简体中文"，单击 OK 后重新启动 Arduino 软件（图 2-101）。

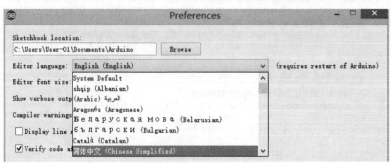

图 2-101　固件刷写步骤（1）

（2）之后设置板卡和串口号，具体位置在"工具"→板卡→"Arduino mega 2560"，如图 2-102 所示。

图 2-102 固件刷写步骤（2）

（3）找到串口，具体为"工具"→"串口"中选择主板对应的串口号，如图 2-103 所示。

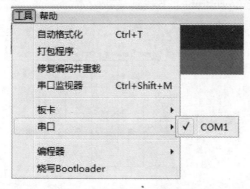

图 2-103 固件刷写步骤（3）

（4）利用 Arduino IDE 打开工程文件，选择固件的源代码，这里选择 MarLin.ino，如图 2-104 所示。

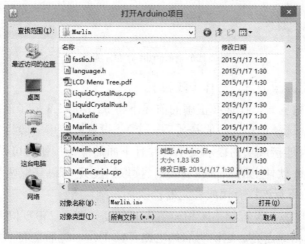

图 2-104 固件刷写步骤（4）

（5）完成编译和下载，单击 按钮后，会有如图 2-105 所示的提示。

下载完毕。

二进制程序大小：108,612字节（最大258,048字节）

图 2-105　固件刷写步骤（5）

到此为止，打印机的硬件与软件安装就全部结束了。

2.5.4　电路板测试

在这里选择使用较为简单的上位机软件 printrun 来进行测试（图 2-106）。用户也可在 http：//koti.kapsi.fi/~kliment/printrun/ 上下载到最新版本。

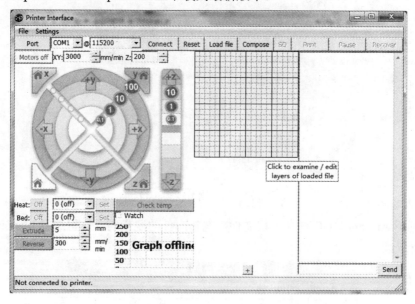

图 2-106　printrun 界面示意图

下面开始进行电路板测试，具体步骤如下。

（1）断开 USB 数据线，在连线正确的前提下将 RAMPS1.4 板子连接到 mega2560 上。打开 printrun 软件，选择串口（一般是最后一个），设置波特率一般为 250000。点击连接如果正常，右侧会有连接成功的提示文字，并且下面的操作按钮将可以正常使用了。

（2）通过 printrun 软件上的 "check temp"（读取温度），可以获取两个热敏电阻的温度，如果读取的值为 0，所有连接有误或者元器件损坏，须检查。

（3）连接 12V 电源，设置加热床和加热头的温度分别为 230℃和 110℃，此时板子上有两个红色 LED 会相继点亮，这说明加热电路正常工作。然后在右下角输入命令 "M106 S255" 单击 "发送"，以打开风扇控制，此时另一盏红色 LED 会点亮，输入 "M107" 单击"发送"可以关掉。

（4）断开电源，将 A4988 驱动板接入 RAMPS 板子，一定注意方向正确与否，否则有可能会烧坏板子。运行前电机需要做测试，电机连接应该按照图 2-105 所示的连接图进行连接，一般为红蓝绿黄的顺序进行连接，接好后，接通电源，通过 printrun 可以尝试让电机动起来，比如将电机连接到了 X 轴上，X 轴电机，点击"+10mm"，电机会旋转，单击"-10mm"，电机会反转。

至此，Prusa Mendel I3 的组装与软件调试工作就全部完成了，用户可以参照第 6 章的内容对打印机的平台进行校准，参照第 4 章的内容了解并实践 3D 打印机完成切片和打印的基本步骤。

第 3 章　3D 打印中的切片原理与 G-code

3.1　STL 文件简介

　　STL（STereo Lithography），是当今快速成型（Rapid Prototyping ,RP）领域使用最为广泛的一种文件格式。它是由 3D System 公司创始人查尔斯·W.哈尔（Charles W.Hull）于 1988 年为满足其光固化立体成型（Stereo Lithography，SL）工艺的需要而制定的。现在 STL 文件格式已经成为全球 CAD/CAM 系统接口文件格式的工业标准，同时也在快速成型之外的各种三维实体建模的领域中获得了广泛的应用。

　　STL 文件格式的本质是将一个立体的模型文件按照一定规则划分成多个三角形面片，每个面片都包含该三角形面片各顶点的三维坐标及三角形面片的法矢量信息，同时三角形的三个顶点排列顺序遵循右手定则（图 3-1）。STL 文件格式不是目前 3D 打印体系支持的唯一格式，因 STL 格式的三角形面片的格式易于切片软件的分层处理，ASCII 码格式下的文件易于阅读和修改，所以几乎所有的三维 CAD 设计软件和 3D 打印系统都支持 STL 格式，并已经被大家所默认为一种标准。此外，STL 切片输出模型的精度易于控制，切片算法相对简单，效率较高也是其流行的重要原因。

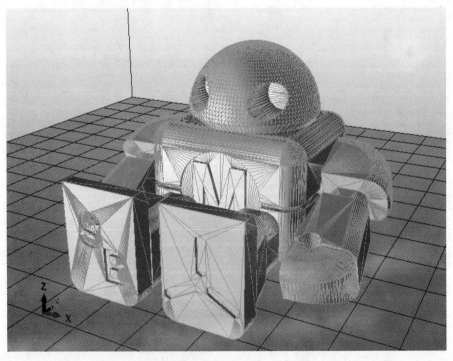

图 3-1　STL 文件三角形面片示意图

STL 文件格式的最大特点是它由一系列三角形面片组合而成，通过许多小三角形面片的组合来表达真实的模型结构。在存储的格式上，STL 文件格式会给出每个三角形面片的三个顶点坐标和三角形法向量的分量来确定每个三角形面片的正方向。正是由于三角形面片组合，模型文件出现错误后容易按照统一规则进行修改，模型的纠错也就变得更加简单。

　　按照这些信息的存储形式，STL 文件可以分为 ASCII 码格式和二进制格式，下面是这两种格式的简单介绍。

3.1.1　ASCII 码格式

　　STL 文件的 ASCII 码格式使得模型代码具有很强的可读性，但相比于二进制格式更占空间。该文件格式将逐行给出三角形面片的几何信息，并以 1~2 个关键开头，方便程序识别。STL 文件中的三角形面片的信息单元被命名为 facet，每个 facet 代表一个带矢量方向的三角形面片；每一个三角形面片又由 7 行数据组成，其中"facet normal"后面紧跟三角形面片指向实体外部的法矢量坐标，"outer loop"后紧跟的 3 行数据分别是三角形面片的 3 个顶点坐标。顶点沿指向实体外部的法矢量方向逆时针排列（即遵循右手法则）。

　　ASCII 格式的 STL 文件结构如下。

　　　　明码：//字符段意义

　　　　Solid filename//文件路径及文件名

　　　　Facet normal x y z//三角形面片法向量的 3 个分量值

　　　　Outer loop

　　　　Vertex x y z//三角形面片第一个顶点坐标

　　　　Vertex x y z//三角形面片第二个顶点坐标

　　　　Vertex x y z//三角形面片第三个顶点坐标

　　　　End loop

　　　　End facet//完成一个三角形面片定义

　　　　......//其他三角形面片

　　　　End solid filename/完成整个 STL 文件定义

3.1.2　二进制格式

　　STL 文件的二进制格式的模型代码可读性很差，但相比于 ASCII 格式更适合存储精度较高或者尺寸较大的模型文件。二进制 STL 文件用固定的字节数来给出三角形面片的几何信息。文件起始的 80 个字节是文件头，用于存贮文件名；随后 4 个字节的整数用来描述模型的三角形面片个数，也就是说，一个 STL 文件可存储的三角形面片的个数约为 2^{32} 个，在这之后出现的是每个三角形面片的几何信息。每个三角形面片占用固定的 50 个字节，依次如下。

（1）3 个 4 字节浮点数（角面片的法矢量）；

（2）3 个 4 字节浮点数（1 个顶点的坐标）；

（3）3 个 4 字节浮点数（2 个顶点的坐标）；

（4）3 个 4 字节浮点数（3 个顶点的坐标）；

（5）2 个字节用来描述三角形面片的属性信息。

由此可以得到，完整二进制 STL 文件的大小为三角形面片数乘以 50 再加上 84 个字节。

二进制格式的 STL 文件结构如下。

```
UINT8              //文件头
UINT32             //三角形面片数量
      /* 定义三角形面片 */
REAL32[3]          //法线矢量
REAL32[3]          //顶点 1 坐标
REAL32[3]          //顶点 2 坐标
REAL32[3]          //顶点 3 坐标
UINT16             //文件属性统计
END
```

3.2 STL 格式遵循的规则及常见错误

中国古代儒家思想讲究格物致知，即探究事物原理，从而获得知识。类比 STL 模型的学习，我们可以将其抽象为文件格式的规则，通过学习来加深我们对 STL 文件格式的理解。

3.2.1 STL 模型文件遵循的一般规则

（1）取值规则，即每个三角形的平面顶点坐标值不能为零和负值。

（2）充满规则，即 STL 文件的三角形面片必须将 3D 模型的表面充满。

（3）共顶点规则，即每个三角形面片和相邻的三角形面片共用两个顶点，即任何一个三角形面片的顶点都不能落在其他三角形面片的边上，如图 3-2 与图 3-3 所示。

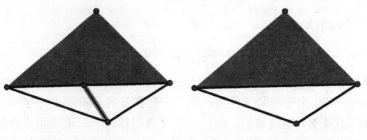

图 3-2 共顶点错误规则   图 3-3 共顶点正确规则

（4）取向规则，每个三角形面片的法向量必须向外，其三个顶点连接成的矢量方向按照逆时针的顺序确定（右手法则），且相邻的小三角形平面的取向不能相互矛盾，如图 3-4 与图 3-5 所示。

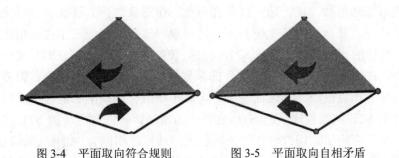

图 3-4　平面取向符合规则　　　　图 3-5　平面取向自相矛盾

3.2.2　STL 模型文件常见的错误

通过上面的介绍，即可了解到 STL 文件格式遵循的一般规则。在人们实际使用 CAD 等软件进行建模时，生成的模型常常会出现文件损坏的现象，通常是由以下几种原因引起的。

1. 存在缝隙，即三角形面片有丢失

存在缝隙是 STL 文件损坏情况的最常见原因。大曲率的曲面相交部分，在三角化时就会产生这种错误。用户会看到在显示的 STL 格式模型时，会有错误的裂缝或孔洞（其中无三角形）（图 3-6）。此时，应在这些裂缝或孔缝处增补若干小三角形面片，以消除这种错误。

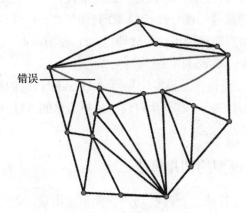

图 3-6　面片间存在缝隙

2. 畸变，即三角形面片的所有边都共线

这种缺陷通常发生在从三维实体到 STL 文件的转换算法上。由于采用在其相交线处向不同实体产生三角形面片的生成算法，相交线处的三角形面片的畸变也较为常见。

3. 三角形面片的重叠

面片的重叠主要是由于在三角化面片时数值的取整误差所产生的。由于三角形的顶点

在三维空间中是以浮点数表示的，而不是整数，如果取整误差范围较大，三角形面片的重叠现象将会十分严重。

4. 拓扑关系的歧义

由共顶点规则可知，任一边上仅存在两个三角形共边；若存在两个以上的三角形共用一条边的情况，就会产生歧义拓扑关系的问题。该问题可能发生在三角化具有尖角的平面、不同实体的相交部分或生成 STL 文件时控制参数的情况下。STL 文件可能存在上述缺陷，所以在使用前必须对 STL 文件的模型数据的有效性进行检查；但要想找出 STL 文件中的问题并加以修改并非轻而易举，同时不是所有的缺陷都能被修复的。传统的解决方法是使用 STL 纠错程序，将 STL 文件中的错误排除，生成新的 STL 文件，再进行切片（有些系统将纠错、切片做在一个模块里，其原理相同）。由于三维信息的复杂性，多数算法并不能将 STL 文件所描述的三维拓扑信息还原成一个整体以及全局意义上的实体信息，因而模型纠错只能停留在纠正简单的错误上。有些切片算法思想，例如直接对 STL 文件切片，在其切片的二维层次上进行修复，即在二维轮廓信息层次上发现错误后作相应的去除多余轮廓线段、在轮廓断点处进行插补等操作，这样在一定程度上可以增加 STL 文件修复成功的概率。模型纠错的过程复杂，内容繁多，由于篇幅限制，在这里我们就不再一一赘述。

3.3 切片算法

通过上面的介绍中可知，STL 文件格式已经成为快速成型技术的一种文件格式标准，在实际生产中得到了广泛的应用。STL 文件格式中只包含了构成该模型的三角形面片信息，这些三角形面片的信息并不能直接指导 3D 打印机在每一层该如何工作，因此，在 3D 打印机开始工作之前，用户需要使用切片软件将 STL 模型按照一定的规则进行切片，以便得到指引 3D 打印机工作的 G-code 代码。

STL 文件格式的特性使得在从模型切片得到 G-code 代码的算法多种多样，常见的算法有基于 STL 模型的切片算法、基于几何模型拓扑信息的 STL 切片算法、基于三角形面片几何特征的 STL 算法等。

3.3.1 基于 STL 模型的切片算法

基于 STL 模型的切片算法是目前在切片软件中使用最多，也是最基础的切片算法之一。它的原理是：用一个切片平面去截取模型，若三角形面片与切片平面相交，则将得到的交线有序地连接起来，并得到该切面这一层的界面轮廓；按照此规则移动切片平面，得到每一层的界面轮廓，直到切片结束。切片软件得到界面轮廓后，按照用户所给的配置文件（包括挤出头的规格、内部填充效果及是否需要支撑等）对得到的轮廓进行转化，生成打印这一层需要的 G-code 代码（图 3-7）。

基于 STL 模型的切片算法比较简单，也很容易理解，然而在实际的切片过程中，计算每一层的轮廓都需要遍历所有的面片，而其中绝大部分面片都不会与切面相交。这些不必要的判断和计算造成了时间上和资源上的极大浪费同时与切片平面相交的每条边都要求算出两个交点，运算量也较大。另外，将得到的无序交线进行有序排列也是一个很复杂的过程。资源与时间的消耗导致该算法的实际切片效率非常低。针对上述问题，人们提出了多种改进法，比较有名的有基于几何模型拓扑信息的 STL 切片算法和基于三角形面片几何特征的 STL 算法。

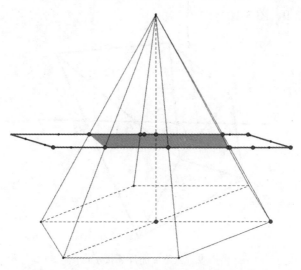

图 3-7　基于 STL 模型的切片算法原理示意图

3.3.2　基于几何模型拓扑信息的 STL 切片算法

STL 文件中不包含三角形面片的几何拓扑信息，也就是说，文件格式中没有包含三角形面片之间的位置关系。拓扑信息的缺失使得切片过程中每一层的轮廓都需要遍历该模型中所有的三角形面片，当模型文件较大时，这种遍历将会造成很多不必要的浪费。为了解决这个问题，有人提出在切片前先建立对应模型的几何拓扑信息再进行切片操作的观点。通过三角形网格的点表、边表和面表来建立 STL 模型的几何拓扑信息，再在得到的表的基础上进行进一步切片的操作，将会极大地提高切片效率（图 3-8）。

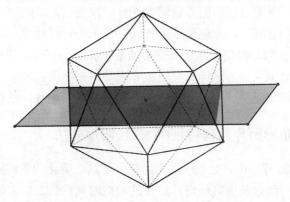

图 3-8　复杂的 3D 模型切片示意图

综合前面介绍的内容可知，基于几何模型拓扑信息的切片原理是：在切片之前对模型文件所包含的信息进行预处理，建立局部邻接信息表。在每一个切平面切片时，先记录下第一个与之相交的三角形面片；又因为每个三角形都与其他相邻三角形共用一条边，所有可以由对应的局部邻接信息表找到相邻的三角片，若其相交则求出交点坐标，依次追踪，直到回到最初与切平面相切的三角形面片为止。由计算得到的交点可以连接成一条有向封闭的轮廓环；重复上面的步骤得到每一层的切片轮廓，交给执行该算法的切片软件进行进一步加工处理（图 3-9、图 3-10）。

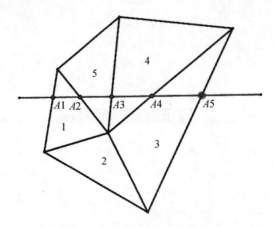

图 3-9　三角形面片邻接示意图

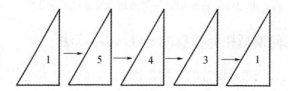

图 3-10　基于几何模型拓扑信息的 STL 切片算法切片示意图

切片过程中查找三角形面片使用了局部邻接信息表，而不再需要遍历模型中所有的三角形面片，这在一定程度上提高了切片的工作效率，减少了切片占用的资源。此外，利用拓扑关系得到的切片交点是有序的，直接首尾相连就可以得到该层的轮廓线，这也节省了重新排序的时间。对于某个三角形面片只需要计算一次交点，以此边为边的三角形将会继承这个交点不需要重新计算，由此避免了重复计算带来的时间浪费。当然这种算法也存在缺陷，那就是在切片由 STL 模型前期建立完整的数据拓扑信息时，若模型的精度较高，其三角形面片的数量就会很大，为这样的模型建立完整的拓扑信息表也是相当费时间的。在此基础上，研究人员提出了另外一种基于三角形几何特征的切片算法。

3.3.3　基于三角形面片几何特征的 STL 切片算法

在上面介绍的 STL 算法中，由于建立几何拓扑信息表所花费的时间过长，可能导致前期建立邻接表耗费的时间过长而降低切片软件的响应时间的情况。如果能够简化建立几何拓扑信息表的过程，或者减少三角形面片与切平面的位置的判断次数，就可以显著提高切片效率。STL 模型在切片模型中具有两个特征：一是三角形面片三个顶点中 Z 轴方向跨度越大，其与切片面相交的概率也就越大；二是三角形面片的三个顶点所在高度不同，其与切平面相交的概率也不同，切片算法若充分考虑这两种特征，就有可能优化三角形面片与切平面的相交的判断过程，从而进一步提高切片算法的效率，下面将要介绍的基于三角形面片几何特征的 STL 切片算法便是由此而来。

在切片执行前，算法先找出模型中每个三角面片点的 Z 轴坐标的最小值（记为 Zmin）和最大值（记为 Zmax），然后对所有的三角形面片进行排序。对于任意两个三角形面片，排序规则如下。

（1）Z 轴坐标最小值（Zmin）较小的排在前面。

（2）当两个三角形面片 Z 轴最小值（Zmin）相同时，Z 轴最大值（Zmax）较小的排在前面。

经过上述规则排序后，切片过程中切平面高度小于某个 Zmin 值时，排在该三角形面片后面的将不再进行相交判断和交点求取计算。最后将得到的交线首尾相连得到一条封闭的轮廓线，交付给切片软件进行进一步处理。

基于三角形面片几何特征的 STL 切片算法减少移动切平面后，判断三角形面片和该切平面位置关系的次数，不需要通过遍历所有三角形面片来判断位置关系，也不需要通过几何拓扑信息表来查找相邻三角形面片的位置，这从一定程度上提高了切片算法的效率。但是和上述所有的算法一样，基于三角形面片几何特征的 STL 切片算法并不十分完美，它的局限性表现在以下几个方面。

（1）当 STL 模型文件中包含的三角形面片的数量很多时，切片开始前的 Z 坐标排序工作将会很耗时。

（2）在判断某三角形面片与切平面相交后，需要求两个交点坐标，以其为邻边且相交的三角形面片也需要求取两个交点，这就造成了重复计算。

（3）在由点连接成封闭的轮廓曲线时，需要判断连接的先后顺序。

"尺有所短，寸有所长"，一种切片算法既有优点，也会有缺点，切片算法总是在不断的发展过程当中，除了在提高计算机性能的同时，也期待切片算法能够进一步完善，获得切片效率与算法复杂度的平衡。

3.4　打印过程

切片软件完成之后，即可得到 G-code 代码，用户可以使用上位机软件将其发送给下位机（控制板），交付给下位机进一步翻译来指挥打印机工作。下面简单地介绍 G-code 代码是通过什么系统到达控制板上的固件，以及控制板如何将 G-code 代码翻译成更低级的控制信号从而指挥打印机的步进电机、挤出头等部件的工作机理。

3.4.1　打印系统

通常来说，3D 打印的整个过程可以由 3 个系统来完成，如图 3-11 所示，"上位机"为代表的计算机处理部分，固件为代表的传输与翻译部分，硬件为代表的命令执行部分。在整个系统中，上位机部分负责工作开始前的所有准备工作，包括复杂的软件配置、切片等。在打印过程中，固件利用芯片的硬件资源将从上位机传来的数据解码翻译，生成特定的命令队列；接受到运行命令后，打印机控制板把命令队列解释执行，完成打印过程。

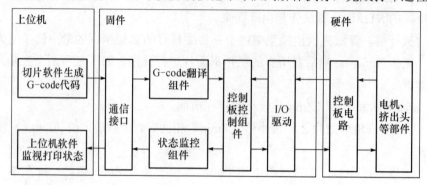

图 3-11　3D 打印系统的分类图

在实际的打印过程中，人们需要利用建模软件，将需要打印的模型转换成对应数字文件，这个过程涉及的相关知识详见第 5 章。下面介绍打印系统的各个组成部分。

3.4.2　上位机部分

传统的模型需要通过切片算法转化成数字化控制机器所识别的代码。正如前面的切片算法中所提到的，切片就是将模型文件按照打印的先后顺序切成许多很薄的水平层，并转化成打印机可执行的指令。一般来说人为切片是不可能的，一个 STL 文件包含的三角形面片数量可以达到上万个，这个时候就需要复杂的切片程序帮助我们实现繁琐的切片过程。

切片软件完成了实物造型中非常有趣的部分，它很清晰地解释了大多数 3D 打印机工作时如何将一些打印原料（桌面级打印机通常为 ABS 和 PLA 材料）转化成精美绝伦的 3D 实物的过程（图 3-12、图 3-13）。同时打印 3D 模型是一门结合技术知识、科学和艺术的工程，如果没有切片软件帮助人们将模型拆解为机器可以识别的语言，那么这项造型工程将不可能被完成。

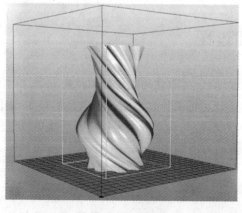

图 3-12　STL 模型

```
1 ; generated by Slic3r 1.1.7 on 2015-01-09 a
2
3 ; perimeters extrusion width = 0.50mm
4 ; infill extrusion width = 0.52mm
5 ; solid infill extrusion width = 0.52mm
6 ; top infill extrusion width = 0.52mm
7
8 G21 ; set units to millimeters
9 M107
10 M104 S200 ; set temperature
11 G28 ; home all axes
12 G1 Z5 F5000 ; lift nozzle
13
14 M109 S200 ; wait for temperature to be reac
15 G90 ; use absolute coordinates
16 G92 E0
17 M82 ; use absolute distances for extrusion
18 G1 F1800.000 E-1.00000
19 G92 E0
```

图 3-13　切片软件生成的 G-code

对于一个正在运行的打印机来说，每个时间段内控制主板都需要知道打印机挤出头在 X 轴，Y 轴，Z 轴的方向上的移动距离，丝料的挤出量，热床和挤出头的温度等，这些信息都由上位机软件实时地发送给打印机控制主板。打印的控制信息都是按照用户的切片配置文件和切片算法得到的，计算过程非常复杂和耗时（如果用户亲自用过切片软件去切片一个较为精细的模型文件，就很可能体验过计算机"未响应"的焦灼感）。如此庞大的计算压力交给打印机的控制板是很不明智的，如果当初设计打印系统的爱好者们这么做了，切片过程中用户新提供的参数（例如每一层的高度等设置）将不能够在打印机工作过程中起到作用。因此，切片软件是独立运行于用户计算机上，并且现在流行于网络的绝大多数上位机软件都嵌入有切片软件。

切片软件配置以用户输入的上百参数为基准，不仅要实现打印模型的内部填充、外部支撑，还要结合不同打印材料的特性和打印机的物理参数进行分层操作，得到分层轮廓后，切片软件会将每一层切片信息进行整合，生成每一层打印的完整控制指令，实现打印速度和质量的折中（图 3-14）。目前国际上流行的几种切片软件有以下几款。

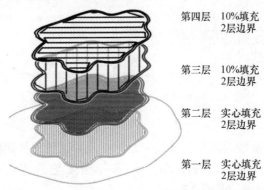

第四层　10%填充　2层边界

第三层　10%填充　2层边界

第二层　实心填充　2层边界

第一层　实心填充　2层边界

图 3-14　切片生成层的示意图（图片来源：网络）

1. Skeinforge

Skeinforge 切片软件有很长的历史，它使用 Python 脚本语言编写，是 Makerbot 公司 Replicator 系列最初打印机默认的上位机软件 ReplicatorG 中嵌入的切片软件，RepRap 开源打印中使用的上位机软件（如 Repetier-Host）中也嵌入有这款软件。它的缺点是用户界面不友好，不容易操作，设置过程相当复杂（图 3-15）。

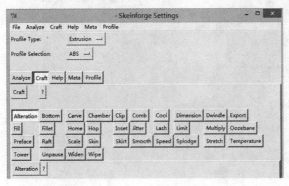

图 3-15　Skeinforge 切片软件界面截图

2. Slic3r

Slic3r 是一款较为先进，功能较为完备的开源切片引擎，现已被各大打印机生产厂商所支持，也是 Repetier-Host 上位机软件默认的切片工具。它可以记录切片过程中的参数，并将其以不同的预设值进行逻辑分组（图 3-16）。

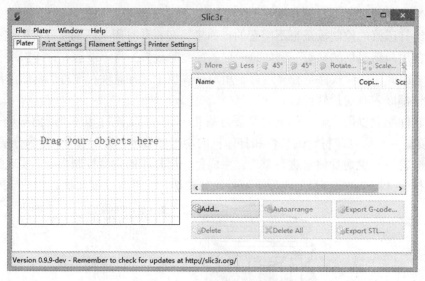

图 3-16　Slic3r 切片软件界面截图

3. KISSlicer

KISSlicer 的图形界面较为简单，其最初开发就是为了使切片速度更快，更容易使用。单词中 KIS 是 Keep It Simple（保持简单）的简写，正如它的名字所解释的那样，它的风格就是使切片操作简单清晰（图 3-17）。

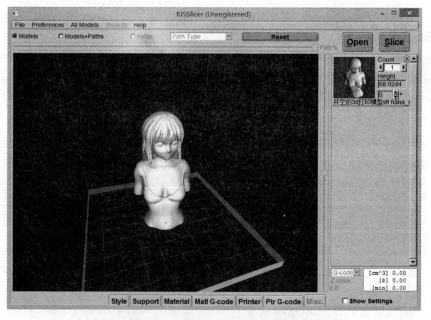

图 3-17　KISSlicer 切片软件界面截图

4. Cura

Cura 切片引擎由 Ultimaker 系列打印机的设计人员开发而来，它的设计目标就是为了尽可能使打印如流水线生产一样简单。它包含从 3D 模型到打印过程的全部过程资源，并且完全切合 Ultimaker 系列打印机（图 3-18）。

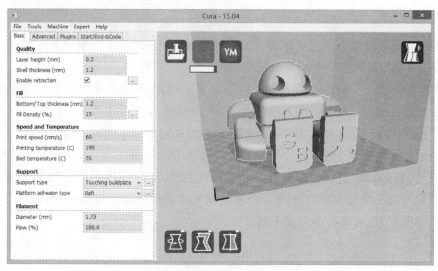

图 3-18　Cura 切片软件界面截图

使用不同切片软件进行切片操作，打印得到的实物模型的效果也不尽相同，有时同一软件不同版本之间的切片效果也不尽相同（图 3-19）。若想获得最佳的打印体验，如果没有足够的经验进行判别，最好的办法就是为同一模型试用不同的切片软件。

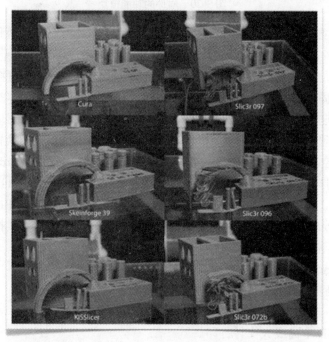

图 3-19　使用几款切片软件后打印生成实体的效果（图片来源：互联网）

切片完成之后，即可将得到的 G-code 交付给上位机软件进行下一步操作，具体的操作步骤详见第 4 章。

3.4.3　固件的定义

固件（Firmware）在硬件设备中担任着系统运行最基本、最底层的工作，也是硬件设备的灵魂。对于某些没有其他软件组成的设备来说，硬件的工作效率很大程度上由固件决定，对于 3D 打印机的控制系统来说更是如此。

固件一般存储于 EROM（可擦写只读存储器）或 Flash 芯片中，它可以包含许多模块如控制、解码、驱动、传输、校验等（图 3-20）。固件存在于任何数码设备，如手机、数码相机、墨粉打印机以及显示器中，它们完成系统底层最基本的输入与输出功能，大小从几千字节到几百兆字节不等。对于可独立操作的电子设备而言，人们常说的固件是指它的操作系统，例如 Iphone 的固件即是 Iphone 的操作系统，MP4 的固件即为 MP4 的操作系统，而对于其他不能独立操作的电子设备而言，固件就是指能驱动机器运行的最底层程序代码，这里所说的 3D 打印机固件属于后者。

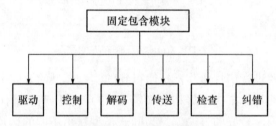

图 3-20　固件的功能模块

根据存储介质的不同，固件可以分为不可擦写固件和可擦写固件两种。在嵌入式设备发展的早期，固件芯片多采用 ROM 设计，固件代码固化后任何设备都无法进行二次修改。这样做的好处一是可以保证硬件的运行安全，二是可以减少成本。不可擦写固件在硬件出厂前使用工具将固件内容烧写进存储芯片中，通常这类硬件包含的内容是无法由用户直接读取和修改的。这种情况下如果要对固件进行升级操作，或者固件内出现了严重的漏洞而需要更改时，必须由专业人员带着写好的芯片将原来机器上的芯片更换掉。

3D 打印机控制板里的固件属于可擦写固件，允许用户进行升级修改等操作，从而满足了用户不同的打印机配置。在 RepRap 社区中，推荐的固件一共有 11 个，即 Marlin，Sprinter，Teacup，sjfw，Sailfish，Grbl，Repetier-Firmware，aprinter，RepRap Firmware，ImpPro3D，Smoothie。上述的固件都能被写入打印机的控制板中，完成指挥打印任务，但不同的固件具有不同的特点。

例如开源 Marlin 固件，它具有以下特点。

（1）支持高步率分频。

（2）支持中断式温度保护。

（3）支持 SD 卡离线大文件打印。

（4）支持 LCD 显示屏显示。

（5）支持 EEPROM 存储设置。

（6）支持温度过采样。

（7）支持多挤出头。

（8）能在稳定前提下保持较高的打印速度。

而另外一款流行的开源固件 Repetier-Firmware 则具有以下特点。

（1）支持 RAMPS 板下加速。

（2）支持 RAMPS 板下挤出头压力控制，以提升打印质量。

（3）支持打印路径规划，以获取更高的打印速度。

（4）支持多挤出头。

（5）支持标准 ASCII 和二进制码两种通信方式。

（6）支持 RAM 打印。

（7）支持 SD 卡离线打印。

（8）支持 LCD 灯。

（9）微调路径，以获得打印平滑打印轨迹。

（10）持续监视温度。

（11）G0/G1 命令允许 mm 和 inch 两种长度单位。

用户在为自己的打印机挑选合适的固件前，需要先了解该款固件的运行要求与其支持的打印机类型，并将配置文件进行适当的修改，确保写入控制板的固件能够安全稳定地完成打印任务。

除此之外，固件主要负责打印过程中 3 个重要部分，分别是通信协议、G-code 翻译器和 I/O 驱动。

（1）通信协议：负责与计算机软件进行交流。

（2）G-code 翻译器：将 G-code 代码解释成驱动电子器件的命令队列。

（3）I/O 驱动：驱动电子器件。

3.4.4　通信协议

控制板上的芯片需要从上位机软件接收源源不断的 G-code 数据流，并实时应答上位机软件的打印状态查询的请求，这些操作简单但频繁，占用打印系统大量的硬件资源。在计算能力和内存空间十分有限、通信带宽被严格限制的情况下，设计者们在设计固件之初选择使用定制的通信协议，在尽可能兼顾效率与安全的前提下完成通信工作。

因为上位机向打印机传输的主要内容为 G-code 代码，为了保证效率与安全性，G-code 的通信接口需要能够接收 G-code 数据流并将它们直接递交给 G-code 翻译器，而不再交付给其他软件加工处理。同时，通信协议还需要能够控制每次发送数据报的大小，并根据已发送 G-code 代码翻译与执行情况动态调节。例如，在打印开始的时候，传输的命令多为挤出头与热床的加热命令，此时发送的数据报只需要很小；当打印开始时，一系列复杂的指令将会被翻译和执行，这时数据报的大小相对就大一些；但如果数据报过大，新加载的指令还没有被翻译就会被刷新掉，从而造成失步与指令乱序的现象，无法满足系统安全性的要求。另外，固件的状态查询接口需要保证占用资源较小，并保证较好的可读性（有时也兼容远程控制的网络接口，如 Wifi 模块）。

开源固件的通信协议有很多种，它们为完成特定的任务提供了不同的解决办法，下面通过简单介绍其中的一种来解释打印机固件的通信过程。

这类固件的通信协议的基础建立在 μIp 协议栈上，整个协议包括两项基本的服务，分别是 G-code 传输接口和状态监视接口。μIp 为上位机软件提供一个简单的应用程序接口，通过 UDP 通信协议和内置的 protosocket 与 protothread 框架来完成与上位机软件收发数据。

Protothread 是一个完全由 C 语言实现，能满足多任务协同处理的要求，同时保持轻量级的线程。Protothread 在执行任务时不保留指令中任何的关键字或变量，造成的系统开销很少。Protosocket 是在 Protothread 基础上编写的一个简化的 UNIX 型套接字接口。两者最初的设计目的就是为了在低功率的微处理器上运行。因此，μIp 能够快速地将数据传输给系统的其他部分，但固件中的通信模块只有极少数是使用 μIp 框架完成的，这种选择在一定程度上提高了通信模块的可靠性。

UDP 通信协议为控制板与上位机软件的通信提供了较完整的解决方案。图 3-21 演示了使用 UDP 协议进行通信的数据报格式。发送给固件的数据报包含一个队列号和一个可以计算长度的装载区来放置 G-code 代码。上位机发送完数据报后等待打印机返回一个相同的队列号和消息的窗口大小。如果固件收到了一个正确的窗口号，则表明传送的报文是打印机所需要的，并对此次接收进行回复，否则将会忽略该报文继续等待；如果打印机回复的消息在约定时间内没有被上位机收到，固件将会转发此报文。反馈式的通信机制极大限度地保证了上位机与打印机之间的通信安全与有序性。

图 3-21　UDP G-code 数据报格式

3.4.5　G-code 与 G-code 翻译器

美国麻省理工学院于 20 世纪 50 年代末在其实验室开发并实现了人类历史上第一个数字化控制编程语言，这就是如今数控领域使用的 G-code 代码。从那个时候起，G-code 就经常被用于各种组织机构的项目工作。G-code 代码也被称为预备代码，通常来讲是告诉机器工具该怎么样运动。事实上，G-code 代码并不是 3D 打印过程中所特有的，它是大多数数字控制编程语言的通用名，主要用于计算机辅助制造控制自动化机床。不同国家提出过不同的标准 G-code，具体到不同的应用领域，G-code 代码的意义也会有所不同，现在使用最广泛的标准是 ISO6983。

当 STL 格式的模型文件被导入切片软件后，根据设置好的挤出头和热床温度、打印速度、填充率等各项参数，切片软件会调用内嵌的切片算法，将模型信息转换成可以控制 3D 打印机运动的 G-code 代码。在 3D 打印过程中，上位机软件以 G-code 代码为载体告诉打印机的各个步进电机如何工作，各个加热器件的温度等，固件根据接收到的代码带动打印机挤出头按照预定的路径前进和出料，并完成复杂繁琐的构造过程。

3.4.6　G-code 处理管道

　　固件的主要任务，除了完成上位机与控制板之间的通信外，还需要翻译和处理从通信接口中传来的数据流。从某种程度上讲，G-code 翻译过程更像是一个管道，G-code 数据流顺着这条管道流一边被搬运一边被加工；G-code 指令从网络接口传递到 G-code 缓冲区等待翻译，从缓冲区传递到翻译器转化成更低一级的机器命令，翻译得到的指令会被放入到指令缓冲区等待执行，之后交付给控制板芯片，由芯片控制硬件执行。

　　如图 3-22 所示为 G-code 处理管道的全过程。在 G-code 代码中，每条指令后面所跟的参数类型都是严格指定的，这是因为 G-code 处理管道在处理 G-code 指令时为了减少命令与命令之间执行的间隔，会直接把 G-code 后的参数直接复制到低级的机器指令中，如图 3-23 所示。

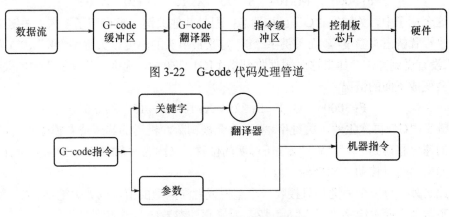

图 3-22　G-code 代码处理管道

图 3-23　G-code 代码翻译简析

　　在 G-code 指令开始翻译之前，处理管道的前端会等待来自网络接口的数据，同时开辟一块空间极大的缓冲区，直到 G-code 缓冲区被注满后才会开始后续步骤。这样设计的初衷是为了给通信网络更长的时间进行响应，减少网络延时所造成的等待，避免缓冲区 G-code 代码不足而造成的打印停顿现象。除此之外，固件会给予命令执行过程较高的优先级来将打印过程中命令与命令之间的延时降到最小，这些细微的改进在打印机重复大量指令时非常有效。

3.4.7　G-code 代码的读取过程

　　控制板芯片上的固件在翻译 G-code 代码中的指令时会抽象出一个"G-code 代码翻译器"。"G-code 代码翻译器"能且只能含有 26 个关键字，并将这些关键字从"A"到"Z"命名。一条 G-code 指令中包含一套完整的关键字和参数，每个关键字对应一个机器运行的特定行为，而后紧跟的参数决定了该特定行为的运行细节。

　　"翻译器"的内存空间非常小，存储空间也很有限。原则上"翻译器"一次只会读取一个关键字，在一个关键字被写入"翻译器"后，该指令后同级别的关键字可能会被解释为空。例如指令[G: XX　M: XX]中包含两个关键字"G"和"M"，这两个关键字代表着机器的不同行为，那么先被放入内存空间的关键字"G"将被翻译执行，而关键字"M"将会被解释为空。"翻译器"这样读取的好处在于可以保证每一条指令在翻译过程后得到一条明确的机器运行命令，防止打印机同时执行某些操作产生错误。

"翻译器"为不同的关键字划分了不同的优先级，优先级相同的关键字可能会被刷新。例如，当固件从上位机收到了如下命令[G1　X15　Y-10　Z0.3　F2500]，"翻译器"将会为关键字开辟相应的空间，并将值赋予给特定的关键字。"翻译器"空间将会变成

$$F: 2500\quad G: 1\quad X: 15\quad Y: -10\quad Z: 0.3$$

在这条指令中，关键字"G"决定了机器的行为是"移动到"，而关键字[X], [Y], [Z]决定了移动的位置，"F"决定了移动的速度，它们属于不同的优先级。如果在该条命令后，翻译器接收到了[M104　S225]指令，那么与该条命令同级别的关键字"G"将会被关键字"M"替换掉，翻译器中的内存空间变成

$$F: 3000\quad M: 104\quad S: 225\quad X: 15\quad Y: -10\quad Z: 0.3$$

在这个例子中，关键字"G"已被遗忘，但是其他关键字被保留了下来；关键字"M"意思是"设置挤出头温度"，而关键字"S"定义挤出头的温度。关键字"X"，"Y"，"Z"与"F"没有受到冲击。如果这时固件收到指令[G1　Z0.6]，那么"翻译器"中的关键字与字段将会变成下面的情况

$$F: 3000\quad G: 1\quad S: 225\quad X: 10\quad Y: -15\quad Z: 0.6$$

关键字"G"再次生效，关键字"S"将会被刷新，机器的热床或者喷嘴将会以"F"所标明的速度移动到"X""Y""Z"所标明的位置。又因为 X 轴和 Y 轴坐标并没有新值出现，打印机将会只移动 Z 轴坐标。

除此之外，每一个关键字只接收一个整型或者浮点型的值，例如关键字"G"和"M"只接收整数值，而关键字"X""Y""Z"后紧跟的参数应为浮点型。

现有的 G-code 翻译器高度集成有控制逻辑，并且可以独立使用，但是 3D 打印中的 G-code 代码只用得上其中很小的一部分，也就是说 3D 打印机中使用的 G-code 翻译器是完整版的子集。我们在附录中收录了 3D 打印机常用的一些命令，以便为读者理解 G-code 代码以及进一步学习与识记提供帮助。

第4章　常用 3D 打印软件

4.1　模型的转换与修补

利用建模软件得到的模型文件通常不能直接用于切片，还需要对模型文件进行进一步处理，这些处理可以分为两大类：一类是模型格式的转换，即将.dae，.wrl 和.X3D 等模型格式转换成.stl 格式；另一类则是模型的修补，即修补.stl 的文件格式中的错误。本节以 MeshLab 和 Netfabb Basic 这两款软件为例，简单介绍模型的一般转换与修补过程。

4.1.1　将其他格式转换成 STL 文件格式

1. 利用 MeshLab 进行格式转换

软件安装完毕后，在 MeshLab 中打开模型，如图 4-1 所示。除了单击菜单栏，也可以使用快捷键"ctrl+o"→"浏览文件"→"选择您的文件"来完成模型的选取。

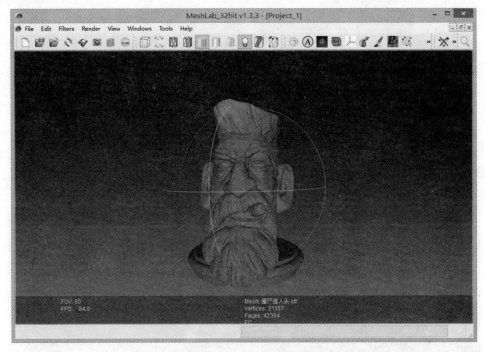

图 4-1　MeshLab 界面示意图

这里除了.stl 格式之外，笔者还推荐将模型转换为.obj 格式，因为这两种格式被广泛使用在桌面级和工业级打印机的打印系统中，兼容性有很好的保证。

单击"File"→"Export Mesh As"→"选择目标文件夹"→"确定"。注意：MeshLab

路径和模型文件的命名不能为中文。

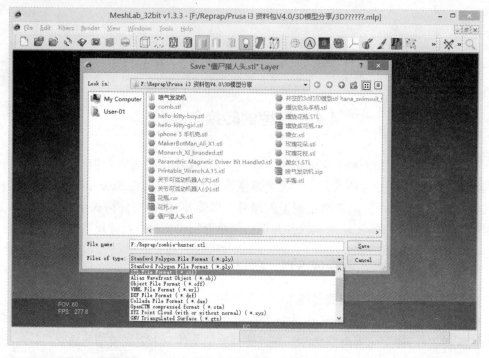

图 4-2　保存模型文件

MeshLab 支持的格式有 PLY、STL、OFF、OBJ、3DS、COLLADA、PTX、V3D、PTS、APTS、XYZ、GTS、TRI、ASC、X3D、X3DV、VRML、ALN，如图 4-2 所示，这几乎包含了所有类型的模型文件格式，所以在使用之前，用户完全不用担心模型因为格式问题而不能成功转换。

一个模型文件包含的三角形面片越多，精度就会越高，模型的细节就会越细腻，同时它的文件体积就越大，如图 4-3 所示。对于一些比较简单的模型，文件过大会极大地增加切片软件负担；对于一些云打印服务而言，它所能接受的最大三角形面片数是一定的，这时需要通过 MeshLab 对模型的尺寸进行修改。

图 4-3　不同文件大小的模型比较（图片来源：shapeways）

2. 利用 MeshLab 减少三角形面片数

在菜单栏里选择"Filters"→"Remeshing，simplification and construction"→"Quadratic Edge Collapse Detection"后，弹出如图 4-4 所示的对话框。

Quadric Edge Collapse Decimation

Simplify a mesh using a Quadric based Edge Collapse Strategy; better than clustering but slower

Target number of faces	21182
Percentage reduction (0..1)	0
Quality threshold	0.3

☐ Preserve Boundary of the mesh

Boundary Preserving Weight　1

☐ Preserve Normal

☐ Preserve Topology

☑ Optimal position of simplified vertices

☐ Planar Simplification

☐ Weighted Simplification

☑ Post-simplification cleaning

☐ Simplify only selected faces

Default	Help
Close	Apply

图 4-4　Quadratic Edge Collapse Detection 对话框

在图 4-4 所示的对话框中，着重关注两点：Target number of faces（将三角形面片数减少到）和 Percentage reduction（减少百分比）。这两个参数选填一个就可以了。

其余需要注意的选项如下。

（1）Quality threshold（质量阈值）：这个值决定 MeshLab 在减少三角形面片时保持原始模型外形的能力，默认值为 1。

（2）Preserve Normal（保留法线方向）：这个选项勾选后，MeshLab 将会确保转换后的三角形面片包含正确的法向量。

如果模型在利用 MeshLab 减少三角形面片数的转换后出现了法向量异常的情况，用户可以通过使用下面的方法进行矫正：找到"Filter"→"Normals,Curvature and Orientation"→"Re-Orient all faces coherently"，这些步骤将会矫正模型中错误的法线。该对话框下需要勾选的项目有："Optimal position of simplified vertices（保持简化顶点处于最佳位置）"、"Planar simplification（平面简化）"、"Post-simplification cleaning （简化后清理）"。之后单击"Apply（应用）"按钮就能完成所有的步骤，此处不再赘述。

4.1.2　利用 Netfabb Basic 对模型进行修补

Netfabb Basic 软件是 3D 打印过程中使用最普遍 STL 文件修复和编辑软件。它可以帮助用户查看一个模型打印后的真实大小，并检查出该模型是否存在 3D 打印缺陷。如果存在缺陷，用户可以通过简单的步骤自动修复 3D 模型。

用户可以利用 Netfabb 处理模型，使模型达到以下要求。

（1）闭合的表面：即水密模型，模型能更好地支持 3D 打印。

（2）无反法向量：所有三角形面片的法向量都合乎规则。

（3）零空洞：面和线之间不再有缝隙、孔洞。

（4）零界线：处于空洞一边的线只连接到一个面上。

这里我们将一起学习利用 Netfabb Basic 软件对已有的模型进行进一步的修复操作，以便后续的切片步骤（图 4-5）。

图 4-5　Netfabb Basic 主界面

通常利用 Netfabb 修补模型的过程分为以下几步，如图 4-6 所示。

（1）加载并预检模型，如果模型右下角出现一个三角形警示牌，表明该模型存在缺陷需要修复。

（2）进行标准检查。

（3）自动修补。

（4）采用修正结果后再次检查。

（5）导出修补后的模型。

图 4-6　Netfabb 模型修补的一般过程

对于以上 5 个步骤，现具体分述如下：

第一步，加载模型。

第二步，进行标准检查，选择"Extras"→"New analysis"→"Standard analysis"。从图 4-7 中可以看出，在执行完检查之后，右下角第 5 个框中有"Surface is closed：No"的字样，这表明该模型没有闭合，下边"Surface is orientable：Yes"字样表明模型中不包含相反的法向量，不需要进行法向量重定向的修复。

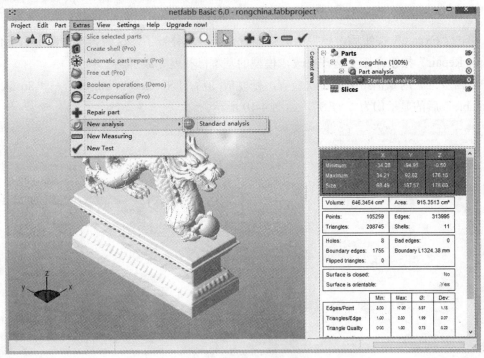

图 4-7 Netfabb 标准检查

第三步，自动修补，选择"Extra"→"Repair parts"，如图 4-8（左）所示，完成后单击右下角"Automatic repair"按钮，如图 4-8（右）所示。

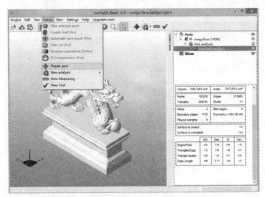

图 4-8 模型的修补前（左）后（右）效果图

在弹出的对话框中选择"Default repair"，单击"Excute"按钮确定，如图 4-9 所示。

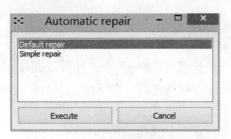

图 4-9　Automatic Repair 对话框

单击"Excute"按钮后，模型中的空洞就已经被填补好了，这时再单击图中右下角的"Apply Repair"按钮，接受这些更改，模型的基本修补就完成了。

第四步，采用修正结果后再次检查，修复成功后，"Surface is closed"与"Surface is orientable"后的显示均为"YES"，如图 4-10 所示。

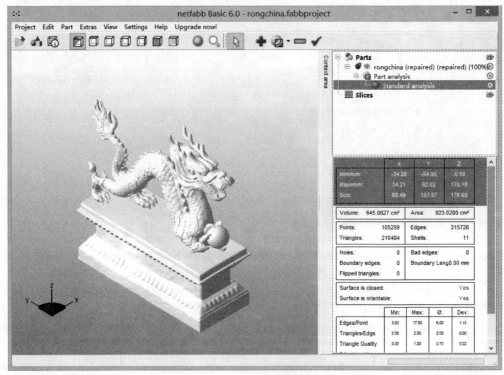

图 4-10　修补完成后，分析截图

第五步，导出修补后的模型，需要注意的是，Netfabb 上显示修补后的模型是一个新模型，也就是说，原模型并没有被修改。这就需要用户将生成的新模型导出到文件夹中。选择"Part"→"Export part"，在菜单中选择想要导出的模型文件类型，在这里我们选择STL 文件类型，如图 4-11 所示。

至此，模型的修补工作就全部完成了，下面的内容，我们会详细介绍模型的切片操作。在这之前，用户需要检查自己模型文件是否被 Netfabb 过分修改，是否将不该封住的口封住了，尽管 Netfabb 性能稳定，但是不排除它会有出错的可能。

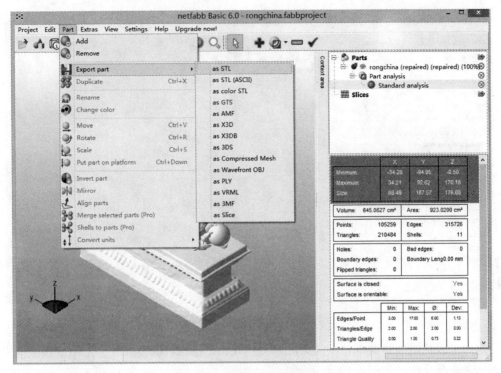

图 4-11　将修补后的模型导出

4.2　切　片

正如上一章介绍的，切片将模型文件分层得到每一层的轮廓信息以指导打印机工作，实际情况中这些都是切片软件来完成。现如今较为流行的两款开源桌面级打印机切片软件主要有两款，一款是 Slic3r，另外一款就是 Cura，如图 4-12 所示。

图 4-12　Slic3r 标识（左）与 Cura 标识（右）

两种切片引擎对比来看，Slic3r 可以配置的细节较多，用户可定制的细节也更多，但大模型的切片速度相对较慢；Cura 的可视化效果做得相当出色，切片追求快速与稳定，非常适合大模型的切片任务。下面我们将以 Cura 为例，简单介绍其切片的参数及切片过程。

4.2.1　模型预览与修改

在这里我们使用的是 Cura 15.04（稳定版）（图 4-13），不同的版本之间界面和操作可能会有差别。用户也可以到 Cura 切片引擎的官网 http://software.ultimaker.com/下载最新的版本。

图 4-13　Cura 切片引擎界面

用户可以通过选择菜单栏中的"File"→"Load model file"或者点击图像预览框中的图标来选择文件，如图 4-14 所示。

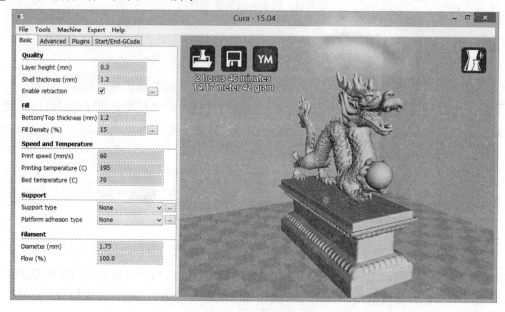

图 4-14　Cura 读取模型文件

在模型读取时，将会出现一个进度条，在模型读取完成之后，该图标下面的位置将会显示出打印所需时间、用料长度和质量，如图 4-15 所示。在这个时候如果切片参数已经设置好了，点击"保存"按钮即可保存模型的 G-code 代码。

Cura 切片引擎的模型预览功能在预览窗口的右上角，如图 4-16 所示。

在模型预览框里，使用鼠标右键可以实现观察视点的旋转，使用鼠标滚轮可以实现视野的缩放功能。除了基本的操作之外，Cura 还提供了更多的观察模式。在预览框的右上角可以看见一个观察模式（View Mode），点击后可以看到 Cura 的 5 种观察模式，它们分别是默认的普通模式（Normal）、悬垂模式（Overhang）、透明模式（Transparent）、透射模式（X-Ray）以及层叠模式（Layers），如图 4-16 所示。

图 4-15 打印信息显示

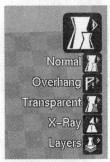

图 4-16 Cura 的模型预览选项

在悬垂模式下（Overhang），我们可以观察到模型是否有空洞的错误，如图 4-17 所示，龙的嘴部、身下以及其他许多地方存在红色的斑点，这表明模型存在错误，需要进行修补。

相比之下，透明模式（Transparent）（图 4-18）则可以观察到模型的正面结构和反面结构内以及部结构。如果一个模型有隐藏内部结构，则可以通过透明模式看到并提前处理，从而防止其对打印过程带来影响。

图 4-17 悬垂模式下观察模形

图 4-18 透明模式下观察模型

透射模式（X-Ray）（图 4-19）屏蔽掉了所有的外部细节，使读者可以更清晰地观察到内部结构。

接下来就是相对比较有趣的层叠模式（Layers）。层叠模式实际上将打印过程分解在模型预览里面，用户可以通过右侧的滑块来单独观察每一层的情况。

在图 4-20 中，显示的是龙模型第 148 层的情况，红色的最外层代表模型的外壳，绿色的表示外壳的内部，黄色部分表示模型内部的填充。通过这个模型的演示可以理解 Cura 规划出的每一层打印计划，容易定位打印过程中出现的问题。

通过 G-code 代码还原的打印过程如图 4-21 所示。

图 4-19　透射模式下观察模型

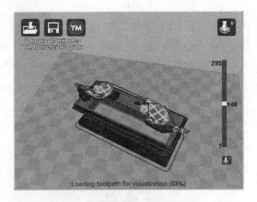

图 4-20　层叠模式下观察模型

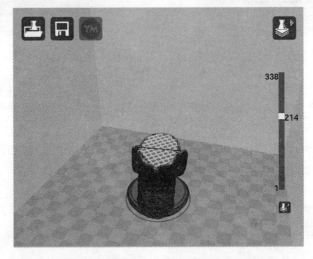

图 4-21　通过 G-code 代码还原打印过程

4.2.2　模型调整

Cura 为用户提供了基本的模型处理工具，来帮助用户实现 3D 模型预览的旋转、镜像等功能。这些功能按钮被集中在预览框的左下角，从左往右三个按钮分别对应旋转（Rotate）、缩放（Scale）、镜像（Mirror）。

1.　旋转功能

如图 4-22 所示，按下▣按钮后，将会弹出两个子选项，"Lay Flat" 按钮与 "Reset" 按钮。顾名思义，Lay Falt 即将模型平躺，点击该按钮后，Cura 会自动将模型旋转至适合打印的位置。点击 "Rotate" 按钮后，模型上将会出现三个不同颜色的圆圈，分别代表 X 轴、Y 轴、Z 轴旋转。按住 Shift 键后将旋转角度从 5° 变为 1°，并增加了测量尺度的显示。Reset 功能将模型恢复到操作前状态。

2.　缩放功能

点击第二个按钮▣则进入缩放功能，第一个功能即将模型放大至最大（To max），点击后 Cura 将会调用打印机的参数将模型放大至最大体积。放大后的模型切片时间将会变得很长，因此使用该功能需慎重。

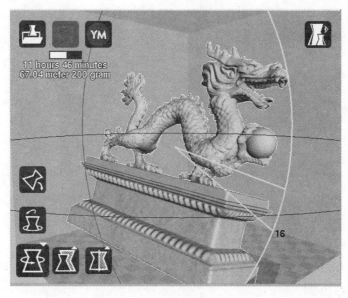

图 4-22　模型的精细旋转示意图

点击"缩放"功能按钮后弹出的对话框如图 4-23 所示，用户可以将模型按照要求缩放至需要的大小。默认是等比例缩放，修改一个参数后其他的参数都将跟着改变。

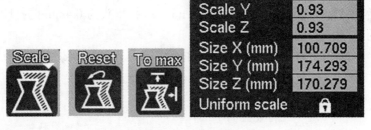

图 4-23　缩放功能

3. 镜像功能

点击 ▮ 按钮将会使模型沿着 X 轴、Y 轴、Z 轴进行镜像操作，效果如图 4-24 所示。

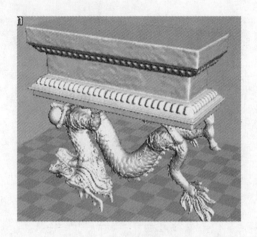

图 4-24 *X* 轴镜像、*Y* 轴镜像和 *Z* 轴镜像对应的效果图

（分别对应左上角，右上角和下方）

4.2.3 切片设置

除了便捷的模型预览与缩放功能，Cura 最大的特点就是能够实现模型的快速切片功能。对于 Slic3r 需要几十分钟，甚至大到难以切片的模型，Cura 往往只需要几分钟就可以完成，这也是 Cura 能够流行的一个重要原因。

Cura 的切片与 Slic3r 相比，既屏蔽了用户不需要知道的细节，又能满足 3D 打印用户的需要，灵活简易。下面我们将以 Prusa Mendel I3 挤出头为 0.4mm 的打印机为例，对适合该打印机的切片配置作一介绍。

"基础"配置界面（Basic）下各项目细述如下。

Basic	Advanced	Plugins	Start/End-GCode

Quality

Layer height (mm)	0.3
Shell thickness (mm)	1.2
Enable retraction	☑ ...

Fill

| Bottom/Top thickness (mm) | 1.2 |
| Fill Density (%) | 15 ... |

Speed and Temperature

Print speed (mm/s)	60
Printing temperature (C)	195
Bed temperature (C)	70

Support

| Support type | None ∨ ... |
| Platform adhesion type | None ∨ ... |

Filament

| Diameter (mm) | 1.75 |
| Flow (%) | 100.0 |

图 4-25 "基础"配置界面

1. "质量（Quality）"一栏

（1）层高（Layer height）：指的是每一层中的厚度，这个设置直接影响打印机打印模型的速度，层高越小，打印时间越长，打印精度越高。在此，我们填入 0.3。

（2）外层厚度（Shell thickness）：指保护模型内部填充的多层塑料壳，外壳的厚度很大程度上影响打印出的 3D 模型的坚固程度。在此，我们填入 1.2。

（3）开启回抽（Enable retraction）：指的是打印机挤出头在两个较远距离位置间移动时，出料马达是否需要将丝料回抽进挤出头内。开启回抽可以减少拉丝的产生，避免多余塑料在间隔期挤出而影响打印质量。

这里需要注意的是，外壳厚度不能低于挤出头直径的 80%，而层高不能高于 80%。如果用户填入的参数违反了该规则，Cura 将把输入框的颜色设置为黄色；如果用户填入的参数是错误的，输入框的颜色将会变为红色来提醒用户更正。

2. "填充（Fill）"一栏

（1）底/顶厚度（Bottom/Top thickness）：与外壳厚度很相似，这个值需要为层厚和挤出头直径的公倍数。在此，我们填入 1.2。

（2）填充密度（Fill Density）：指的模型内部填充的密度。这个值的大小将影响打印出模型的坚固程度，越小越节省材料和打印时间。在此，我们填入 15。

3. "速度与温度（Speed and Temperature）"一栏

（1）打印速度（Print speed）：指每秒挤出多少毫米的塑料丝。一般情况下，挤出头每秒能融化的塑料丝是有限的，这个值需要设置在 50~60 之间。层高设置较大的时候就应该选择较小的值。在此，我们填入 60。

（2）打印温度（Printing temperature）：指的是挤出头的温度，对于 PLA 材料温度设置应该在 185~210℃之间；对于 ABS 材料，温度选择应该在 210~240℃之间。我们使用的是 PLA 材料，在此，我们填入 195。

（3）热床温度（Bed temperature）：指的是打印机平台的工作温度，对于 PLA 材料，该项温度设置应该在 60~70℃之间；对于 ABS 材料，温度应该控制在 80~110℃之间。在此，我们填入 70。

4. "支撑（Support）"一栏

（1）支撑类型（Support type）：有三种选择，一种是默认的无支撑（None）；一种是接触平台支撑（Touching buildplate）；剩下一种则是到处支撑（Everywhere）。在这里，接触平台支撑指所有的支撑都将附着平台，而内部支撑将被忽略；到处支撑则考虑到了内部的情况（图 4-26）。

（2）平台附着类型（Platform adhesion type）：在解决模型翘边问题时很有用，用户可以选择边缘型（Brim）或者基座型（Raft）。相比之下，边缘型会让模型与热床之间接触得更好，且基座型更加结实但不易去除。这个选项应根据模型的实际情况进行选择（图 4-27）。

5. "耗材（Filament）"一栏

（1）丝料直径（Diameter）：设置的值为 1.75。

（2）流率（Flow）：设置的值为 100。

图 4-26　切片设置：接触平台支撑（左），到处支撑（右）

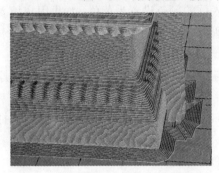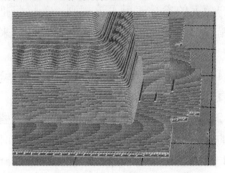

图 4-27　支撑类型：边缘型（左），基座型（右）

4.2.4　高级设置

切片高级设置如图 4-28 所示。

Basic	Advanced	Plugins	Start/End-GCode

Machine

Nozzle size (mm)	0.4

Retraction

Speed (mm/s)	40.0
Distance (mm)	3.5

Quality

Initial layer thickness (mm)	0.2
Initial layer line width (%)	100
Cut off object bottom (mm)	0.0
Dual extrusion overlap (mm)	0.15

Speed

Travel speed (mm/s)	150
Bottom layer speed (mm/s)	20
Infill speed (mm/s)	60
Top/bottom speed (mm/s)	0
Outer shell speed (mm/s)	0
Inner shell speed (mm/s)	0

Cool

Minimal layer time (sec)	2
Enable cooling fan	☑	...

图 4-28　切片高级设置

1. "机器（Machine）"一栏

挤出头尺寸（Nozzle size）：在此项对应的输入框中，我们填入 0.4。不同的挤出头规格可能不同，具体需要询问供给挤出头的厂家。

2. "回抽（Retrction）"一栏

（1）速度（Speed）：对应挤出头的回抽速度，该值越大，打印效果就越好，但到一个门限后会出现丝料网格化的现象。这里我们保持默认值 40.0。

（2）距离（Distance）：决定出料电机每次回抽的距离，官方默认值为 4.5。考虑到打印机的性能局限性，我们折中精度将该值设为 3.5。

3. "质量（Quality）"一栏

（1）首层厚度（Initial layer thickness）：其设置是为了在层高非常小的情况下，保证第一层与热床的粘连性，如果没有特殊要求则保持与层高相同。

（2）首层线宽（Initial layer line width）：其设置也是为了加强首层的黏合强度，这里默认值为 100。一般来说，该值越大，第一层越容易附着。

（3）剪平对象底部（Cut off object bottom）：用于一些不规则的 3D 模型的修剪，以便于更好地与热床附着，此处填 0.0 即可。

（4）双挤出头重叠（Dual extrusion overlap）：用于双挤出头的打印机，此处我们保持默认值。

4. "速度（Speed）"一栏

（1）移动速度（Travel speed）：挤出头的移动速度，一般要远小于 250。在此我们填入 150。

（2）底层速度（Bottom layer speed）：指的是打印第一层的速度，速度越慢，粘合性越好。此处我们填入 20。

（3）填充速度（Infill speed）：指的是内部填充的速度，该值越大，打印的耗时就越少，但质量就会越差。此处我们填入 60。

（4）顶/底层打印速度（Top/bottom speed）：与填充速度意义相同，此处使用默认值 0。

（5）外壳打印速度（Outer shell speed）：与内壳打印速度（Inner shell speed）一般使用默认值即可。

5. "散热（Cool）"一栏

（1）最小层时间（Minimal layer time）：指的是一层打印后的冷却时间，此项保证在打印过快时，所打印的每一层都有时间来冷却，当丝料被打印得过快时这个值将会保证每一层都由这个值大小的时间来冷却。一般使用默认值。

（2）冷却风扇（Enable cooling fan）：对于此项，用户一定要记得勾选上。

在这之后，Cura 会自动完成切片任务，进度条完成后，点击"File"→"Save Gode"，或者使用快捷键 Ctrl+G，将代码保存起来。等待后面的操作。

4.3　上位机软件的作用及定义

3D 打印的过程大致可以分为以下几步，如图 4-29 所示。

第一步，启动上位机软件，打开嵌入其中的切片软件。

第二步，导入 STL 模型文件。

第三步，输入切片过程中需要的参数，如果没有输入，则使用默认配置文件。

第四步，切片软件切片，生成 G-code 代码。

第五步，上位机软件将生成的 G-code 代码加载到打印机中，控制打印过程。

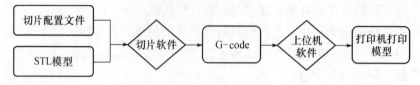

图 4-29　一般打印流程

在图中，上位机指人可以直接控制的计算机，一般是 PC 机。PC 机通过上位机软件将指令传送给下位机（这里就是 3D 打印机），下位机再将收到的命令解释成机器可以理解的时序信号来直接控制相应设备，同时将设备的状态数据从模拟信号转化为数字信号反馈给上位机，实现上位机与下位机之间的双向通信（图 4-30）。

图 4-30　3D 打印造型示意图

在前面我们介绍过，打印机的工作过程中需要源源不断地将每一个时间段打印机需要执行的步骤输入给控制板（即使是配备配置 SD 存储卡读取功能的打印机，也需要将信息导入存储卡中），上位机软件就是这样一款用来完成与打印机通信工作的软件。PC 机的配置一般较高，运行速度很快，因此 PC 机与下位机之间的接口可以选择数据传输量大、通信率高的 PCI 接口，以便实现对打印机的复杂控制和协调运动。

在 3D 打印的整个步骤中，上位机软件需要实现的功能主要包括以下几个方面。

（1）实现打印进度的实时反馈。

（2）提供不同的配置文件，以满足不同材料和工艺的造型要求。

（3）提供打印机设置接口，以匹配不同类型的打印机。

（4）将模型文件转化成符合快速成型工艺要求的数据信息。

从上面我们可以看出，选择一款成熟可靠的上位机软件，并且了解它的完整功能对于我们学习 3D 打印是十分重要的。下面我们将以 Repetier-Host 这款上位机软件为例,详细地介绍其各个功能。

Repetier-Host(图 4-31)在近几年热门的开源代码项目中拔得头筹。Repetier-Host 致力于在 3D 打印的过程中实时显示模型的打印情况,并可以准确地将下一步执行的打印步骤以不同颜色显示在正在打印的断面上。Repetier-Host 中绑定有 3 款独立的切片软件,它们是 Slic3r,Skeinforge(需联网下载)和 Cura,这 3 款切片可以满足所有的模型切片需求。

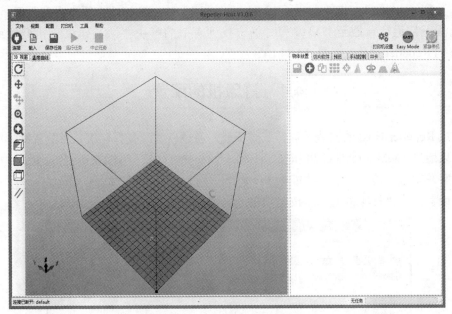

图 4-31   Repetier-Host 的主界面

Repetier-Host 的安装如下。

Repetier-Host(以下简称 Repetier)支持当前主流的三大操作系统:Windows,Linux 和 Mac Os X,现在的计算机基本上都可以符合安装这款软件的硬件条件,下面我们来详细介绍 Windows 和 Linux 环境下安装需要注意的问题。

1. Windows 环境下的安装

Repetier-Host 的下载地址为 http://www.repetier.com/download-now/,用户可根据自己的 PC 机正在使用的操作系统,选择对应的最新版。

Repetier 在 Windows 下的安装需要.NET frame 4.0 或者更高版本。虽然 Repetier 现在已经开始支持 Windows XP 系统,但是软件官方建议用户升级到更高版本,并且计算机的显示卡最好支持 OpenGL 1.5 或者更高版本,在实际的打印过程中更多的内存和更强大的图形显示卡将会带来更流畅的模型浏览体验。

2. Linux 环境下的安装

用户可从官方网站中下载得到一个 gzipped 包,这里建议用户把它从“Downloads”中移动到合适放置的位置,然后运行下面的脚本:

tar-xzf repetierHostLinux_1_03.tgz

cd RepetierHost

sh configureFirst.sh

在完成上面的步骤之后，用户可以在 Linux 的/usr/bin 里将 Repetier-Host 的安装文件放进去，这样就可以直接通过"RepetierHost"命令来运行该程序。运行 Repetier 需要 Mono，建议用户直接安装 Mono develop，这样可以省去从 Mono 官网查找的麻烦。另外，所有的 Linux 发行版都可能存在用户权限的问题，这就需要用户把自己当前正在使用的用户放进适当的分组中。

对于 Ubuntu 用户，作者亲测了 12.04 LTS 和 13.04 LTS 这两个版本下安装 Repetier，但都无法正常运行，截至书稿编写时仍未找到有效的解决办法，建议直接升级或安装 Ubuntu 到 Repetier 明确支持的 14.04 LTS。

4.4 打印机的配置

完成 Repetier-Host 的安装之后，下一步就是通过软件配置打印机，在配置完打印机之后就可以通过 COM 口将 PC 机和打印机相连。一些打印机可能需要特定的驱动程序，打印机只有在安装这些程序之后才能被 PC 机所识别。在菜单栏中找到"配置"→"打印机设置"或者点击"打印机配置"按钮，将会出现类似于图 4-32 所示的窗口。

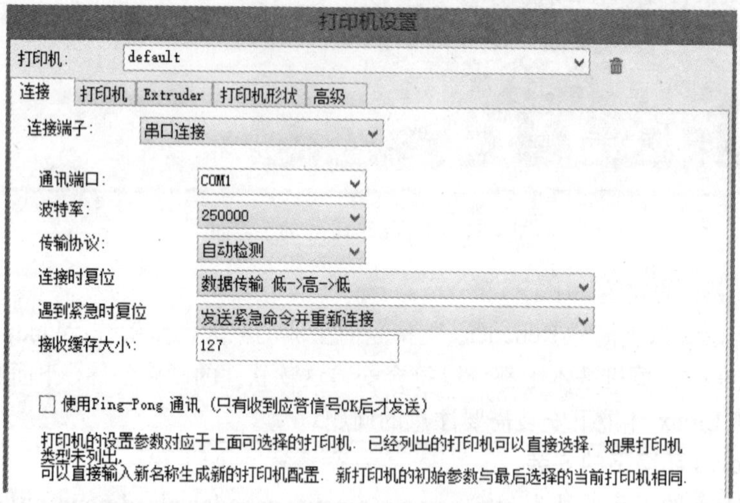

打印机设置	
打印机:	default

连接 · 打印机 · Extruder · 打印机形状 · 高级

连接端子: 串口连接

通讯端口: COM1

波特率: 250000

传输协议: 自动检测

连接时复位: 数据传输 低->高->低

遇到紧急时复位: 发送紧急命令并重新连接

接收缓存大小: 127

☐ 使用Ping-Pong 通讯（只有收到应答信号OK后才发送）

打印机的设置参数对应于上面可选择的打印机。已经列出的打印机可以直接选择。如果打印机类型未列出。

可以直接输入新名称生成新的打印机配置。新打印机的初始参数与最后选择的当前打印机相同。

图 4-32　打印机设置

在打印机配置窗口的顶部，用户可以看到一个名为"打印机"的下拉框，框中的名称就是 Repetier 选中的默认打印机。在开始的时候用户只能选择一台默认的打印机。如果想让 Repetier 识别一个新的打印机，则需要更改打印机的名字之后点击窗口下方"应用"按钮。这里有一点需要注意，新识别的打印机将会沿用最近被选中打印机的设置参数，若用户打印机与上一台打印机的物理配置不相同，在正式打印开始之前，用户可能需要重新设置参数，否则将会连接失败。

在下拉按钮的下面，可以看见 5 个选项卡，它们分别保存着打印机的连接选项、运动选项、挤出头出料选项、打印机形状配置和高级选项，通过这些选项用户可以完成打印机绝大部分配置如图 4-32 所示。

　　在第一个选项卡"连接"中，用户可以设置连接打印机的方式。在"通讯端口"中可以选择打印机连接的端口。所有可用的端口都自动被扫描并加载到列表中（Repetier-Host V1.06 及更高版本已经支持自动刷新功能）。如果用户不确定打印机所连接的端口号，可以尝试使用"Auto"端口，之后选择合适的波特率，波特率的设置与刷写进控制板的设置有关，剩余选项则不需要做任何修改。

　　传输协议决定了 Repetier 如何与打印机控制板进行通信，所有被 Repetier 支持的固件都可以在 ASCII 码模式下工作。值得一提的是，Repetier-Firmware 固件也支持二进制格式。二进制通信和 ASCII 码通信相比具有以下优点：

　　（1）可有效减少传输数据。采用二进制传输可以将数据减少约 50%。

　　（2）具有更强的错误校验能力。

　　（3）固件解析数据所花的计算时间更少。

　　用户可以选择"自动检测"，Repetier 将在检测到 Repetier-Firmware 固件后自动切换到二进制格式。如果用户写入控制板的是其他固件，Repetier 将使用 ASCII 码通信。

　　接下来我们要讨论的是如何将数据发送给固件。它的工作形式其实就像打乒乓球一样。软件首先向固件发送一个命令并等待固件返回 OK 信号。这个等待就造成了一个时延，进而有可能造成打印机停滞。为了避免停滞的发生，用户可以一次向缓冲器发送多个命令。只需要勾选掉"使用 Ping-Pong 通讯"这个选项，然后填入接收缓冲的大小就可以了，如果不知道控制板可以接受的缓存大小，用户可以在一栏填入数值 63，此设置可以满足所有打印机的正常工作；如果用户对打印机控制板的各项性能足够自信，可以使用默认的 127（Arduino1.0 及更低版本的固件允许用户选择 127 位）。

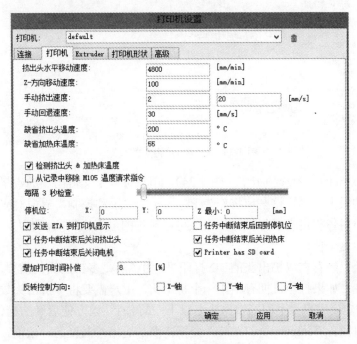

图 4-33　打印机运动参数设置窗口

"打印机"选项卡里可以设置打印机运动的参数，如图 4-33 所示，用户可以在这个窗口设置挤出头水平移动速度、Z 轴方向移动速度、手动挤出速度、手动回退速度，等等。温度还可以在"手动控制"选项卡中设置，Repetier 动态读取温度值，这个我们将在后面讲到。

当用户预热挤出头准备打印时，可以发送 M105 命令给打印机实时返回温度值。用户也可以选择让软件自动检查挤出头的温度，默认的是每隔 3 秒检查一次，并自动地将温度显示在 Repetier 底部的状态栏中。

"停机位"所对应的 3 个坐标轴值用来确定一个空间点，这个点会让 Repetier 告诉挤出头它应该停驻的地方，打印结束后，挤出头会立即回到这个点并等待下一步指令。用户也可以通过"手动控制"选项卡设值让挤出头回到这个点。

"增加打印时间补偿"框对应的数值将会告诉打印机如何修正已经被计算好的打印时间。Repetier 通过分析 G-code 的代码和各个轴的移动速度来计算总共需要的打印时间，如果用户的打印机工作的速度很慢，计算得到的时间会非常精确。如果用户使用快速打印模式，固件需要在打印过程中生成一个加速/减速日志，这将增加打印时间。在实际的打印过程中，真实的打印时间和计算得出的时间可能差别很大。一般来说，打印的结构不同，打印的时间长短将会大不相同。

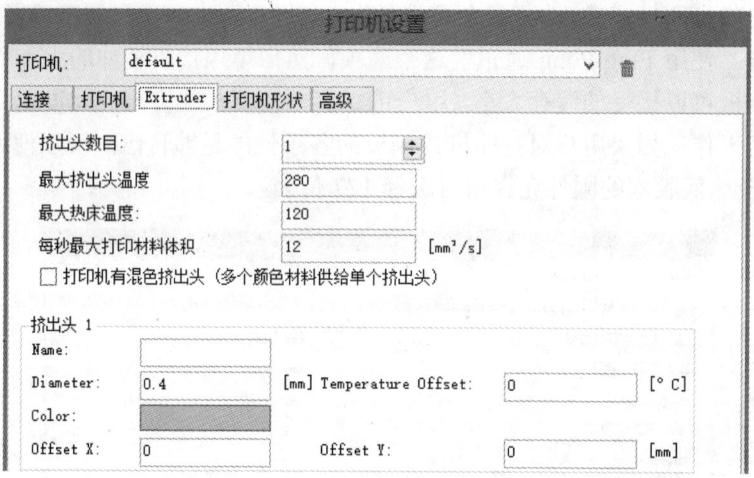

![打印机设置窗口，Extruder 选项卡]

打印机:	default	

连接　打印机　**Extruder**　打印机形状　高级

挤出头数目：　　　　　1

最大挤出头温度　　　　280

最大热床温度　　　　　120

每秒最大打印材料体积　12　　　[mm³/s]

☐ 打印机有混色挤出头（多个颜色材料供给单个挤出头）

挤出头 1

Name:

Diameter:　0.4　　[mm] Temperature Offset:　0　　[° C]

Color:

Offset X:　0　　　　　Offset Y:　0　　[mm]

图 4-34　打印机挤出头的设置

在名为"Extruder"的选项卡中（图 4-34），用户可以定义挤出头的数量、挤出头最大值、热床温度的最大值等，这些值将作为 Repetier 中"手动控制"界面对应温度的上限。每秒最大打印材料体积定义了每秒钟挤出头可以融化的最大原料值，默认为 12 mm³，如无必要请不要修改这个值。

现在市场上已经存在双挤出头的 3D 打印机，为了满足多挤出头的需要，Repetier 支持多个挤出头设置。如果打印机拥有不止一个挤出头，用户需要将"挤出头数目"对于数值相应增加，我们建议用户将不同的挤出头名以不同的名字，以方便后续的操作。"Diameter"是指挤出头的直径，"Temperature Offset"是指需要加进熔丝温度的补偿值，这两个值仅在 Cura 切片引擎中有效。"Color"对应的是熔丝的颜色，可以用来在主界面对模型的预览，

"Offset X"和"Offset Y"分别用来调节多挤出头情况下挤出头的位置。如果您的固件（如 Repetier-Firmware）支持自动修正偏移补偿量，需要将这些偏移量置为 0。

"打印机形状"选项卡（图 4-35）可以定义打印机的形状，更确切地说是可以用来确定打印的区域。如果用户的模型能在打印平台上顺利打印，软件将会通过此参数来限制打印机的移动范围。用户也可以定义打印机在哪个位置（X 轴和 Y 轴）然后停止。如果用户载入文件后，预览模型发现超过了打印区域，而这个模型被明确知道是可以被打印机尺寸所接受的，这就需要根据实际设置打印区域的宽度、长度和高度。

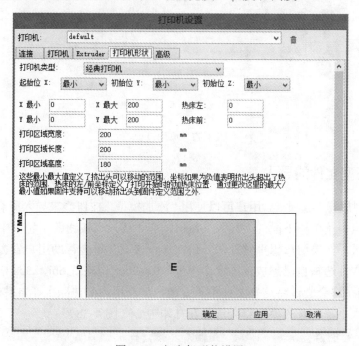

图 4-35 打印机形状设置

最后一个"高级"选项卡（图 4-36）是为高级设置准备的，普通打印不会用到它。当前版本后处理器路径和命令行参数和每次切片后运行后处理这两个功能。在每次切片程序完成切片工作后，用户可以打开一个外部程序来处理 G-code 代码。要使用该功能生成的 G-code 文件的文件名中必须含有"#out"参数。

图 4-36 "高级"设置

4.4.1　单位设置

STL 和 OBJ 这两种模型文件格式本身并没有尺寸信息，也不支持比例缩放，但是在实际的打印过程中必须考虑到模型的实际大小，这就涉及单位设置的问题。Repetier 内部是以毫米为单位进行运算，如果用户勾选了其他的单位，在 Repetier 会将其转化成毫米为单位来使用（图 4-37）。

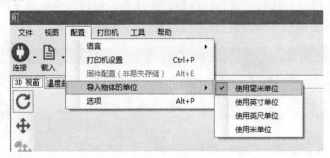

图 4-37　单位设置

4.4.2　模型文件的导入

打开"模型放置"选项卡，用户可以使用"添加模型"按钮➕来导入所有的 STL 文件。通常人们习惯点击菜单栏下面的"载入"按钮，在"载入"按钮的下拉框中将会显示出载入过的历史记录，如果用户想重复打印一份文件，该设置将会帮助用户省去很多麻烦。用户可以选择一次性选择自己想放置的多个模型，Repetier 也支持.obj，.3ds 格式。在导入文件之后，Repetier 将会尝试将这些文件不重叠地摆放在用户的热床上，如果模型文件太大，可打印的区域太小，所有的模型将会堆叠在打印中心（图 4-38）。

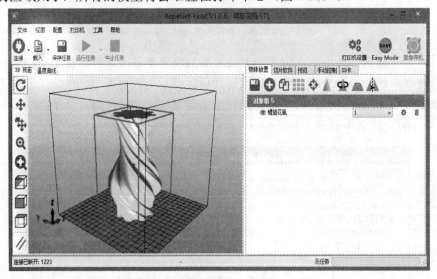

图 4-38　模型文件的导入

当配置好打印机之后，我们将一起学习在 Repetier 下调整、组织和放置模型的方法，使利用 Repetier 打印出来的效果更加完美。

4.4.3　模型的浏览

在图 4-39 所示的窗口中用户将看到一个 3D 模型。在模型预览框的左边有一些导航按钮。前面四个按钮常被用来改变鼠标左键对模型的操作行为。它们分别是"旋转按钮" ↻、"移动视野点按钮" ✢、"移动模型按钮" ✢ 和"缩放按钮" ⊕。这些操作也可以通过 Repetier 的以下快捷键来实现。

（1）Ctrl 键：按住 Ctrl 键，可以使用鼠标左键得到旋转视野。

（2）Shift 键：按住 Shift 键，可以使用鼠标左键平移整个热床。

（3）鼠标右键：按住鼠标右键来移动模型。

（4）鼠标滚轮：缩放视野。

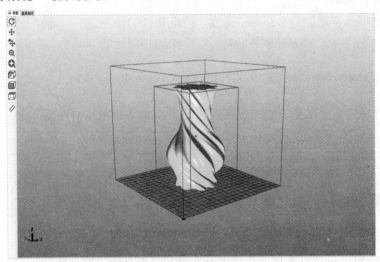

图 4-39　模型的预览窗口

使用 ⊕ 按钮可以将实物缩放到适合视野的位置。使用下面的三个图标 ▱▱▱，可以让 Repetier 在预定义的三种标准视图中进行切换。菜单栏中的"视图"菜单中提供了更多的标准视图，如图 4-40 所示。

图 4-40　Repetier "视图" 菜单

（1）"适合打印区域（Ctrl + A）"：将视图缩放到适合打印体积的最大范围。

（2）"适合对象（F5）"：将视图缩放到适合整个打印对象的最大范围。

（3）"显示棱角（Ctrl + E）"：显示打印对象的三角形边界。

（4）"显示面（Ctrl + F）"：显示打印对象的三角形面。

（5）"显示坐标轴指针（Alt + C）"：在界面左下角显示坐标轴指针。

（6）"使用平行投影"：点击此按钮时，可切换显示平行投影和透视投影。

（7）"清除"按钮：用于清除已选中的对象。

（8）"显示打印机 ID（Ctrl + I）"：在界面右侧顶部显示打印机名称（用户可以用它来自定义打印机的名称和显示的颜色）。当用户使用 Repetier 运行多个打印进程时，上位机使用它来区分打印机。

强大的模型预览功能是 Repetier 这款上位机软件的特色之一，希望使用者能亲手将这些操作尝试一遍，体验 Repetier 带来的无与伦比的打印体验。

4.4.4 模型放置

这里将介绍"物体放置"窗口下各选项功能，具体如图 4-41 所示。

图 4-41 "物体放置"窗口

点击 ▦ 按钮用户可以选择一次导出 Repetier 中所有的模型文件。并且可以选择将它们以.amf 文件格式的形式保存了下来，在重新读入该文件后可以将各个模型单独进行操作。如果用户选择了将其保存为.stl 文件或者.obj 文件，所有的模型将会被化合成一个模型，当再次对它操作时就会变成对整体模型的操作。

点击 ⊕ 按钮用户可以添加进.stl、.obj、.amf 和.3ds 格式的文件。

使用 ⿻ 按钮用户可以多次复制被标记的模型，点击后会出现如图 4-42 所示的窗口。

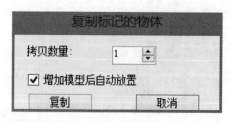

图 4-42 "复制标记的物体"窗口

点击 ▦ 按钮可以将多个模型有序地放置在热床的合适位置，如图 4-43 所示。

启用 ✛ 这个功能可将被标记的单个的物件放置在热床的中心。

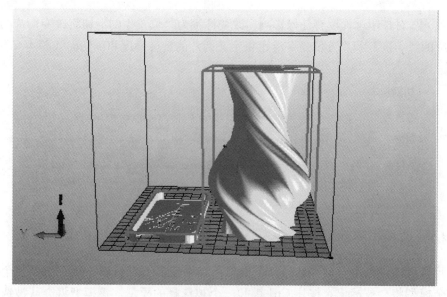

图 4-43　模型的放置

　　使用 ▲ 功能用户可以调整被标记模型的比例，点击后会出现如图 4-44 所示的窗口提示进行下一步操作。

图 4-44　"缩放物体"窗口

　　如果图中的锁的标志被锁定，那么调整一个坐标轴对应的参数，其他坐标轴的参数也会相应地被改变，这样的设计可保证模型的比例。如果用户点击这个图中的锁，将其从关闭状态切换到打开状态，就可以分别调整每个坐标轴的参数，但是模型可能会被扭曲失真。点击"缩放至最大"按钮，将把模型放大至可以打印的最大值。

　　使用 ↔ 功能可以让被标记的模型绕着每个轴旋转。点击"放平"按钮可以将模型水平地放在热床上（图 4-45）。

旋转物体	
X: 0	重置旋转
Y: 0	放平
Z: 0	

图 4-45　"旋转物体"窗口

选项 ▲对打印过程没有任何影响。改变标签为"位置"的滑钮将改变切片的高度位置，相应的"斜度"和"方位角"滑钮将定义切片的旋转角度和剖切面（图 4-46）。

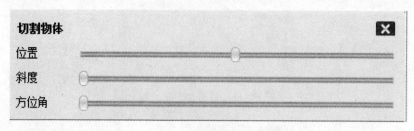

图 4-46　"切割物体"窗口

4.4.5　选择和移动模型

用户可以通过点击右键来选择一个模型。如果按住 Ctrl 键时右键点击了某个模型，那么这个模型将会被标记。按住 Ctrl 键和一个被选择的模型，该模型将会从被选择的组中移除。

要想移动对象，用户需要在按住 Alt 键的同时用鼠标左键拖拽选中的对象。若当前视图为"俯视图" 🗗，那么对象移动的方向将与鼠标移动的方向一致，否则移动的方向则与鼠标移动的方向不同。如果对象在移动之后不能完整地位于打印床范围内，该模型就会跳动或发生颜色变化。这种明显的提醒将有助于用户在使用 Repetier 开始切片前及时发现问题。

如果用户所使用的打印机不止一个挤出头，那么就需要用到物体组的概念。多个挤出头的打印机通常需要对每一种颜色导入一个.stl 格式的文件。在载入完这类文件之后，每种（颜色）将会有它们自己的组，不同的组通常会导致错误的相对位置关系。用户需要拖动第二个.stl 文件将其放置在第一个文件上使它们合并成一个组，在合并完之后还必须为每一个文件分配一个挤出头。给不同组分配一个相同的挤出头也会在切片过程中引发错误。

4.5　设置切片软件

在使用任何切片软件前，用户需要告诉 Repetier 到哪里去找到该切片软件需要的可执行文件和对应的配置文件。如果用户使用的是 Windows 安装程序安装的 Repetier，这些设置就已经完成了。此外，用户还可以添加任意数量切片软件配置实例，只需要打开切片软件的管理面板，就会出现下面的窗口。

在左侧用户可以看到已经配置好的切片实例列表。在底部，用户可以添加新的实例。选择切片软件的类型然后给它一个独一无二的名字，这个名字以后将显示在 Repetier 中，然后点击 `增加切片软件` 按钮。之后用户可在右侧对选择的切片软件进行设置（图 4-47）。

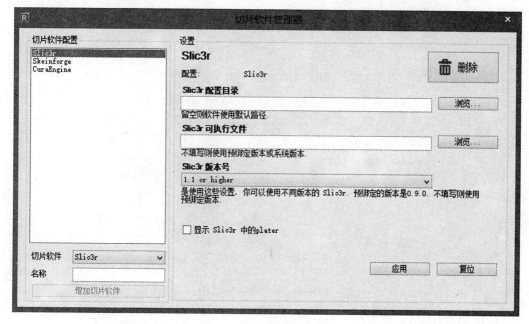

图 4-47　切片软件管理器

1.　使用 Slic3r 切片

Repetier V1.06 版只支持 1.1.0 或者更高版本的 Slic3r 嵌入其中运行，当 Repetier 找不到配置文件或者用户想使用不同版本的 Slic3r 时，就需要选择配置路径或者切片软件。

Slic3r 是 Repetier 所捆绑的切片程序之一，点击"配置"按钮可以启动这款独立的软件并对它进行配置。用户可以按需要创建出自己想要数目的配置文件，配置完成后切换回 Repetier，用户可以看到这些配置文件相对应地出现在"打印设置"相应的下拉列表框中。需要对被载入的模型切片，用户需要先选择自己要使用的配置文件，随后点击"开始切片 Slic3r"按钮。切片开始后，屏幕上将出现一个进度条告之当前切片进度。

如果 Slic3r 在切片过程中遇到错误，界面底部的记录区域将显示错误信息，因此用户须始终保持记录区域可见并激活"记录错误（Errors）"选项。如果 Repetier 提示无法找到切片后的 G-code 文件，那么通常是由于 Slic3r 在导出文件时出错，用户可查看出错报告以了解详细情况。

此外，Repetier 有一个独特的功能，这就是"覆盖 Slic3r 设定"，如果用户勾选了这个复选框，那么它下方的设置将替换掉所有已选中的配置。这里我们推荐用户先点击"复制打印设置"按钮，这样当前选中配置中的参数设定就会被复制到重写项中，用户就可以直接改变那些常用选项的设置了。这种操作方式省去了创建新配置或修改原有配置的麻烦（图 4-48）。

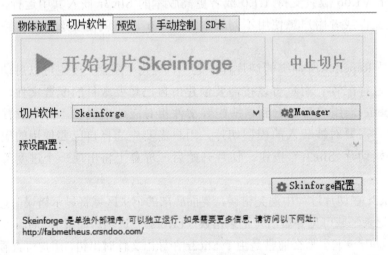

图 4-48 使用 Slic3r 切片

2. 使用 Skeinforge 切片

Skeinforge 是一款独立的软件，它被捆绑在 Repetier 中，工作方式和其他切片软件基本相同。唯一的不同是，它只有一种可以识别的配置文件（图 4-49）。

图 4-49 使用 Skeinforge 切片

Skeinforge 切片软件（图 4-50）是使用 Python 语言来编写的，如果用户需要运行这款切片软件，就必须安装 Python2.7，并选择 Python 解释器所在的路径；如果用户想获得更快的切片速度，就需要安装 PyPy 加速器，然后在对应的输入框中选择 PyPy 可执行文件；如果在切片前忘了填写 PyPy 的路径，那么在切片的执行过程中将会调用 Python 默认的解释器。（注：PyPy 是 Python 语言的动态编译器，运行速度比 Python 快 3~4 倍）。

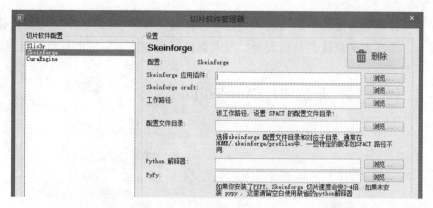

图 4-50　使用 Repetier 中的 Skeinforge 切片

在使用 Skeinforge 切片前，图 4-51 需要安装两款软件，一个是 Skeinforge 本身，它可以在安装 Repetier 的时联网下载；另一个是名为 Skeinforge_craft.py 的切片引擎。Skeinforge 本身包含所有的配置文件，在选择它的切片配置软件后就可以进行切片。如果您使用的是 SFACT 版本而非标准版的 Skeinforge，这就需要用户指定一个保存配置文件的"工作路径"。"配置文件目录"是 Skeinforge 保存切片配置文件的目录，在首次运行 Skeinforge 程序之前，该目录并不存在。Skeinforge 将在程序根目录下创建一个名为.skeinforge 的子目录，用户需要在这个子目录下选择配置文件。

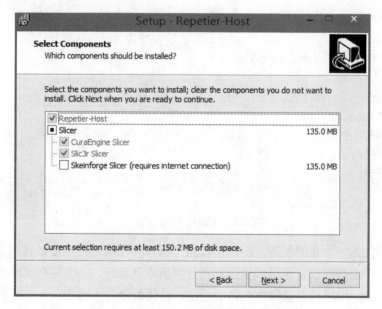

图 4-51　安装 Repetier 时可选的切片软件

3. 使用 CuraEngine 切片

CuraEngine 是一个外部的切片软件（图 4-52），它和 Repetier 捆绑在了一起。如果用户要使用 CuraEngine 进行切片，通常需要在右边选项卡的快速设置栏选择预定义的配置，这些配置将会叠加进配置文件中，在切片过程中被实现。如果用户需要在配置生效后修改这些参数，则需要点击"配置"按钮，进入配置界面。

配置窗口被划分为两块。最大的块是打印设置（图 4-53），而这个块又被划分成 5 个小的选项卡。第二大部分就是材料设置，里面包含了一些挤出头挤出原料的设置选项。

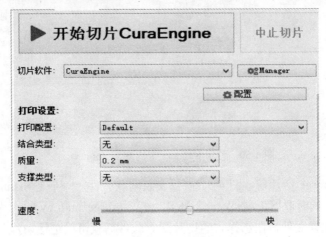

图 4-52　使用 CuraEngine 切片

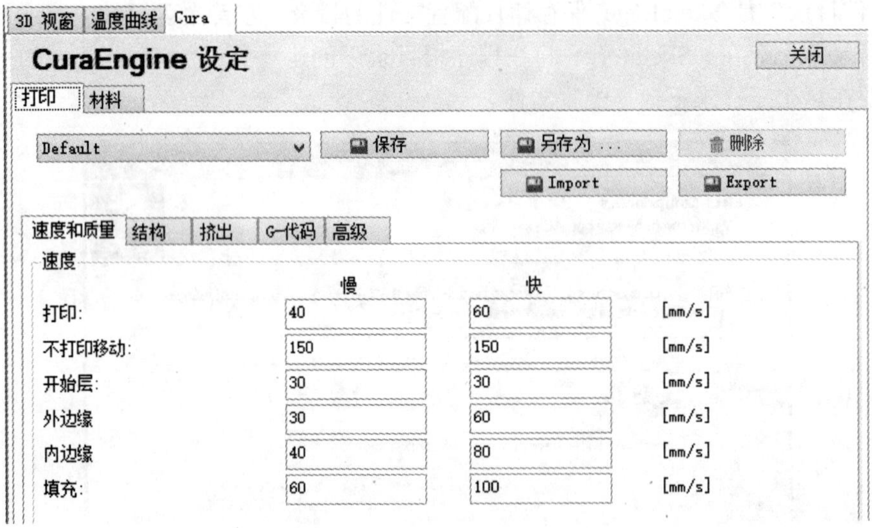

图 4-53　CuraEngine 的设置

如果需要加入一个新的配置，用户可以用"另存为"按钮将当前设置信息保存下来。当用户点击一个参数的设置区域或者鼠标指针停留在其上时，一个写有该参数细节信息的气泡会浮现出来。用户可以禁用这个帮助功能，具体为设置→首选项→基本设置→显示帮助气泡。

每个运动速度参数用户都可以设置一个最大值和一个最小值，也可以在 CuraEngine 切片选项中用速度滑钮来插入（修改）这些值。当打印中发生出料的问题时，可以通过这个设置快速修改出料参数来补救模型。当然用户也可以在该分组中，定义一些可以被打印机接受的层数高度，这些参数会和打印设置一同工作。

其他的一些设置，用户可以在"打印机设置"→"Extruder"选项卡中找到（图 4-54）。

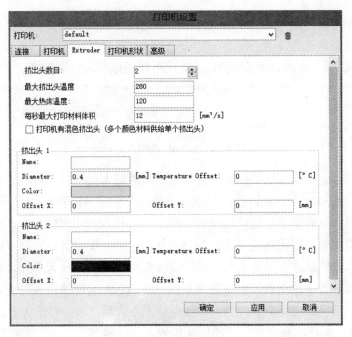

图 4-54 打印机设置

CuraEngine 切片引擎并不直接处理温度，如果用户需要修改打印温度，就需要在 Repetier 主界面的"G-code"选项卡中进行修改。当用户加入改变温度的代码后，打印机执行需要一些后续的步骤，切片的速度将会相应降低。

4.6 手动控制

当用户连接上打印机并准备开始打印的时候，用户会经常进入到"手动控制"选项卡（图4-55），这里是可以对打印机直接进行操作的地方，也可以看到打印机的实时的状态。

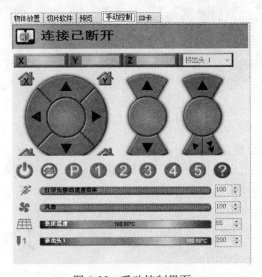

图 4-55 手动控制界面

在开始介绍之前，我们先要了解 Repetier 面向用户的两种模式，一种是"简单模式"，另外一种是"复杂模式"。

在简单模式下，Repetier 将会把 G-code 代码发送框和调试框隐藏起来（图 4-56）。

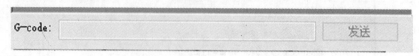

图 4-56　G-code 代码发送框

在复杂模式下，在界面第二行有一个可以发送的输入框可以允许用户发送给自己需要告知打印机执行的 G-code 代码。按回车键或者点击"发送"按钮即可向打印机发送 G-code 代码，使用光标和方向键下上键，用户可以移动手动控制历史里的指令。

下面类似遥控器按键的块是用来控制挤出头的位置。使用箭头用户可以将挤出头移动至任何位置。当鼠标悬停在箭头上时，用户可以看见一个以 mm 为单位显示的距离，这是在告诉用户当前移动的距离有多大。在顶部用户可以看见当前挤出头的位置。打印机进行连接之后，坐标轴里的值将变成红色。在红色状态下，用户不能移动 X 轴，这时需要点击 home 键来将挤出头移动到它被定义的原始位置，上述操作之后字的颜色将会变成黑色。此外，挤出头的移动将只可能在打印机所设定的打印立方体内。例如当前打印机挤出头在 X 轴上的位置为 180mm，而打印机 X 轴总长为 200mm，那么用户在使用手动控制按钮控制挤出头向 X 轴正向移动 50mm 时，保护机制将启动，挤出头只会移动到 200mm 的地方并停下。

当用户使用手动控制界面的方向键来移动时（图 4-57），挤出头的移动位置会被限制来保护打印机的物理硬件。需要注意的是：如果用户通过 G-code 代码来移动挤出头，G-code 代码机会绕过这层保护机制直接控制挤出头移动。

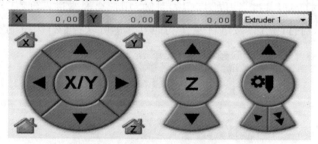

图 4-57　方向轴手动控制

在方向键下面，还有更多按钮：

电源键：这个将把电源供应打开，该功能需要 ATX 电源支持。

停止电机：这将使步进电机不可用。

驻留：将打印机挤出头移动到打印机设置的驻留位置。

帮助按钮：当用户激活这个按钮，鼠标悬停在手动控制的区域，这个区域就会弹出帮助气泡来解释该项对应的内容。

使用按钮 1~5，用户可以将先前定义的脚本发送给打印机。

用户可以在 G-code 编辑器里修改这 1~5 个脚本，点击对应数字就会将 1~5 对应的 G-code 代码发送给打印机执行（图 4-58）。

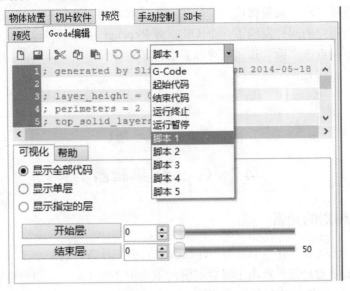

图 4-58　预览窗口

让我们回到"手动控制"选项卡：

"打印头移动速度倍率"滑动按钮（图 4-59）允许用户改变打印机移动和打印速度。这个功能是在 Marlin 和 Repetier-Firmware 固件下的测试功能，改变这个速度将会影响挤出头的给料速率。

复杂模式下，用户可以改变"挤出头挤出速度倍率"。倍率越高，打印出的直线就会越丰满。

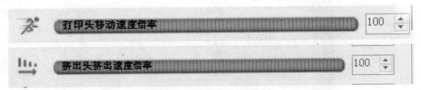

图 4-59　"速率控制"窗口

挤出头和热床的温度模块允许用户改变它们的温度。用户可以在右边的温度框里点击或者托拖动温度条来改变温度。如果用户在温度框里面改变了这个值，就需要点击回车键或者离开该区域并点击软件的空白区域来使这个值生效。在温度条的右边用户可以看到打印机的最后一次读出的温度；当温度过高时可以点击热床或者挤出头图标，Repetier 将不再发送温度控制指令，加热将会停止，再次点击将会激活温度控制功能。

在复杂模式下，用户可以使用最后一行设置"调试选项"（图 4-60）。"信息"和"错误"将显示调试层面的信息。最后一个功能只在打印机固件是 Repetier-Firmware 的时候有效，"试运行"模式里面，固件将忽略所有的设置温度或者挤出头的命令，那样用户就可以发送一个命令而不使用任何原料。如果打印机在打印过程中出现"失步"现象，而使用者很想研究一下是什么时候发生的和为什么会发生就可以使用该功能。如果用户正确地操作后，打印机仍无法正常运行，这时用户需要先检查 Repetier 是否工作工试运行状态。

最后一个按钮"确"键将伪造一个从打印机接收来的 OK 信息。如果打印机停顿了，它可能就是因为用户的固件发送了一个 OK，而 Repetier 由于某种原因只接收到了一个字符，这种情况下，点击"确"按钮就可以重启打印进程。

图 4-60　"调试选项"窗口

4.7　G-code 编辑器

4.7.1　编辑器的元素

在"预览"选项卡下有一个名为"G-code"的小工具条，这个小工具条里包含了关于 G-code 绝大多数重要功能。点击工具栏右侧的下拉框（图 4-61），用户可以在这里选择想要编辑的内容。下拉框中的其他选项都是一些小段的代码，这些代码将根据其各自不同的含义来执行。当点击"保存"按钮时，Repetier 将会把这些代码和当前打印机配置一起保存起来。另外，只有当下拉框中的"G-code"被选中的时候，文件浏览框才会弹出来告诉用户需要保存的位置。

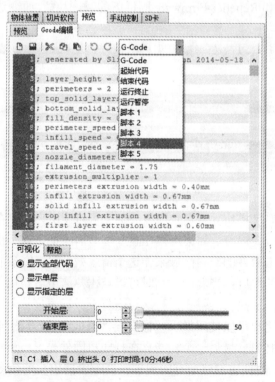

图 4-61　G-code 编辑窗口

4.7.2　G-code 起始代码与结束代码

Repetier 的主界面上有三个很明显的按钮，它们分别是"保存任务"按钮 ，"运行任务"按钮 和"中止任务"按钮 。在 Repetier 里，任务包含了三段代码的数据，这三段代码分别是"G-code"工具条下拉框中也出现的"起始代码"、"G-code"和"结束代码"，任何任务都需要包含这三段代码。

4.7.3　中止/暂停任务后继续运行

如果用户发现最后一点料丝也用完了，点击"暂停任务"按钮并更换完料丝后，在点击"继续任务"按钮之前，注意不要做以下几件事情：

（1）将 $X/Y/Z$ 轴归零；

（2）用 G 代码重新定义坐标轴；

（3）向下移动喷头，这么做会融化已打印的模型。

在此期间，您可以指挥打印机做以下几件事情。

（1）改变坐标轴的相对或绝对位置，如抬高喷头；

（2）移动喷头位置；

（3）挤出料丝，重设挤出物的位置；

（4）改变温度。

经验告诉我们在点击"暂停任务"按钮之后能保持静止不动就不要有其他动作，Repetier 可以记住当前位置，但在归还原位时可能会有偏差，所以最好在打印前准备好足够的材料。

当编辑器载入 G-code 文件后，只要激活了"显示材料"选项，就可以在 Repetier 程序界面的左侧看到每一层料丝的打印情况。通常，较低层的料丝隐藏在较高层的料丝之下。在编辑器下方的"可视化"标签页里，可以选择观察 G-code 可生成模型的方式：默认情况下是"显示全部代码"，如果用户想观察某一层或某一个范围的若干层，可以选择"显示单层"和"显示指定的层"，并使用编辑器底部的滑动指针来选择相对应的层。如果用户在编辑器中选中了某一行或某几行代码，并且这些代码的含义是打印命令的话，那么相对应的料丝将在视图中以高亮显示。

4.8　使用 Repetier 过程中常见问题

4.8.1　打印机的连接问题

在开始时经常出现的问题就是与打印机的连接问题。用户应该注意打印机的三种连接状态，并首先发现问题发生在哪一种状态。

（1）选择正确的 COM 口。用户必须首先保证计算机已经安装了打印机驱动。此外，在选择了正确的打印机的串口后，用户才可能连接上打印机。在打印机的设置里面有一个下拉列表可供用户选择打印机的串口。这些串口只有在打印机连接后才可见。所以用户可先物理连接打印机，然后再选择对应的串口号。

（2）连接到串口后，并不意味着用户可以使用上位机与其通信了，这仅仅意味着 PC 机已经通过 USB 串口和打印机的控制板连接上了。

（3）开始通信。这是绝大部分问题出现的地方。在一个成功的重置命令后，固件将会发送一个"开始"信号来告诉上位机，固件已经准备好可以开始接收命令，如果上位机没有收到那个"开始"命令，或者是仅仅收到了一些很神秘的字符，那么就可能是用户把波特率设置错了。如果用户想使用不同的（波特率），可在上位机软件里中进行修改。

（4）上位机软件在初次连接时会显示一些错误，用户可以忽略它们。大多数控制板可以理解为有两个连接口，它们用来连接固件和 PC 机。一个是从用户计算机的 USB 口到打印机控制板的接口转换设备，第二个就是转换设备到处理器之间的连接口。波特率只会影响从转换器到处理器之间的连接。

4.8.2 上位机在启动开始的时候崩溃

有时候上位机软件会在启动时崩溃，其可能的原因包括以下几个方面。

（1）上位机的新版本要求的 NET3、5SP1 或者 NET4 没有被安装；

（2）用户的计算机没有 OpenGL 驱动；

（3）内存不足；

（4）操作系统不支持，需要 WindowsXP 或者更高版本，或者一个附带有最新版本 Mono 的 Linux 操作系统；

（5）注册时无效的数据。出现情况后用户需要删除上位机的注册数据。

4.8.3 上位机设置

上位机的设置被存储在 Windows 的注册表中，在 Linux 中它在 User 目录下，$HOME/.mono 路径中。在 Windows 下，按 Win+R 键来进入注册表中。用户可以看见注册表树在左侧，在右侧是被选中键值。上位机软件将所有的数据存储在 KEY_CURRENT_USER/Software/Repetier 和它的子目录中。如果用户有一个运行很好的配置文件，就可以将那个树在编辑器中导出。当然用户也可以删除 Repetier 键值文件夹，上位机软件将会在下一次启动后创建一个新的键值文件夹，该路径的命名将会取决于打印机的供应商。如果用户有一个习惯使用的上位机版本，用户就可能需要在删除键值后重新安装。

第 5 章　3D 打印模型网站与软件建模

5.1　3D 打印模型网站

开源 3D 打印项目发轫于互联网，并在众多志愿者的支持下逐渐成长为一项新兴的技术。与此同时，互联网上的 3D 模型也在无数 3D 模型爱好者的奉献与共享下形成了极其庞大的数量。现在在用户绞尽脑汁设计自己喜爱的模型之前，建议先浏览本节中介绍的网站来寻找自己喜爱的模型。

下面我们将介绍一些 3D 打印模型分享网站，给大家在查找模型过程中提供参考。

5.1.1　Thingiverse

Thingiverse 模型分享网站是世界上最大的模型分享网站，目前已有编号记录的模型文件已达 60 万个。该网站由 3D 打印机制造商 Makerbot 公司创建，在 Makerbot 公司被收购后，并入 Stratasys 旗下。Thingiverse 网站的主页网址为：http：//www.thingiverse.com/（图 5-1 和图 5-2）。

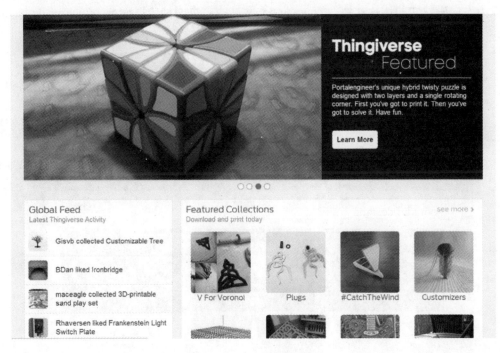

图 5-1　Thingiverse 网站主页

图 5-2　Thingsgivers 模型下载页面

5.1.2　Youmagine

与 Thingiverse 模型网站相比，Youmagine 模型网站所包含的模型数量虽然少得多，但此网站的风格更加简单，适合新手浏览与搜索模型。另外值得一提的是，该网站由全球另一大 3D 打印机制造商 Ultimaker 公司出品，该公司一直坚持开源精神，并且出品了 Cura 这款为人们所熟知的切片软件。Youmagine 网站的主页网址为：https：//www.youmagine.com/（图 5-3 和图 5-4）。

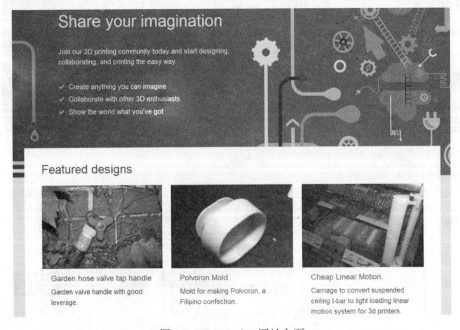

图 5-3　Youmagine 网站主页

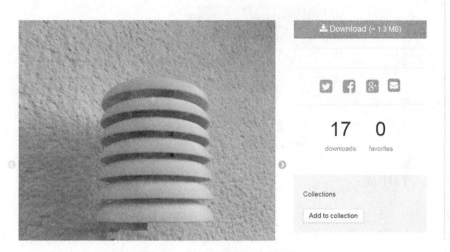

图 5-4　Youmagine 模型下载页面

5.1.3　Myminifactory

相比之下，Myminifactory 模型网站的界面就要霸气得多，排版简单随意，并以灰白为主色调，布局显得很成熟。用户除了可以在 Myminifactory 网站下载免费模型以外，也可以通过该网站从他人手中直接购买模型。Myminifactory 网站的主页网址为：https：//www.myminifactory.com/（图 5-5 和图 5-6）。

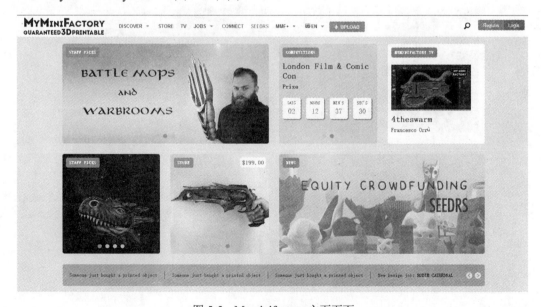

图 5-5　Myminifactory 主页页面

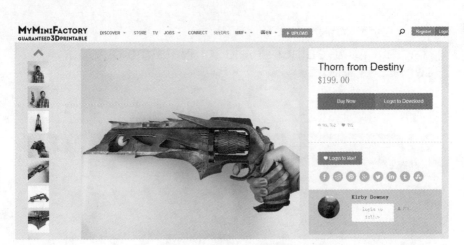

图 5-6　Myminifactory 付费模型购买页面

5.1.4　打印虎

　　笔者在编写本书时浏览过国内许多 3D 打印论坛，目前还没有发现特别出色的模型分享网站。笔者发现，这一类网站中大多夹杂了碍眼的广告，浏览起来很不方便。此外，这类网站大多需要会员或者积分才能下载，没有创造一个 3D 模型文件共享的良好环境。相比之下，打印虎做的更加出色，打印虎网站适合想要了解 3D 打印的初学者和刚入手 3D 打印机的 DIY 爱好者。网站里有很多实用的打印机组装教程、打印教程和打印模型。但美中不足的是，这个网站没有提供一个 DIY 爱好者交流的平台，内容相对于其他网站来说比较少。打印虎网站的主页网址为：http：//www.dayinhu.com/（图 5-7 和图 5-8）。

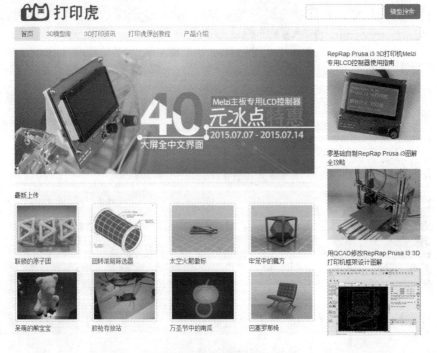

图 5-7　打印虎网站主页

图 5-8　打印虎模型下载页面

5.1.5　523DP

和打印虎相比，523DP 模型分享网站就要华丽一些。作为一个中文的 3D 模型分享网站，523DP 中的模型种类更加齐全，分类更细，网页的层次结构十分清晰。该网站目前还处于建设阶段，模型文件较少，论坛模块还没有被使用，期待 523DP 以后的发展。523DP 网站的主页网址为：http：//www.523dp.com/（图 5-9 和网 5-10）。

图 5-9　523DP 模型分享网站主页

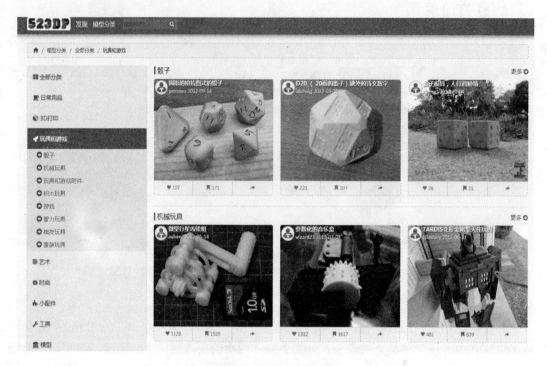

图 5-10　523DP 模型预览页面

5.2　STL 文件模型建模

也许用户想尝试自己设计模型自己打印的乐趣，想对已有的模型进行细微的修改，这个时候就需要使用各种各样的建模软件。按照功能的侧重方向，可以将建模软件分为两类，它们是：参数化建模软件（CAD 设计软件）和 CG（计算机图形学）建模软件。

5.2.1　参数化建模软件

这类软件主要根据实际需要参数化地设计模型，对使用者的专业知识要求较高，这类常见的软件有如下几种。

1. Solidworks

特点：功能强大，技术创新点多，组件繁多。

如图 5-11 所示，Solidworks 是 CAD 领域领先的、主流的解决方案，小到一个螺丝钉模型，大到波音系列客机模型，都可以用 Solidworks 来设计。软件设计时虽然标榜了"简单易用"的目标，但对于没有任何经验的初学者，在第一次使用时仍会感觉很困难。

2. OpenSCAD

特点：真正的参数化建模软件，完全由代码生成模型，完全开源。

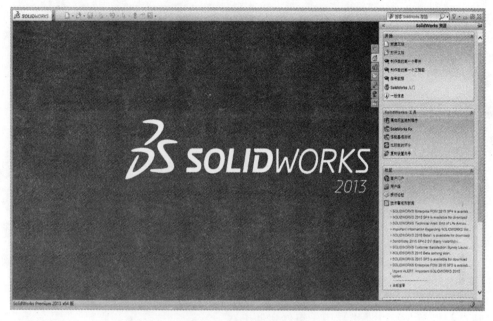

图 5-11　SolidWorks 软件

OpenSCAD（图 5-12）绝对是编程爱好者的福音，用户可以使用代码来完成整个建模工作，不再纠结于鼠标选中的组件与工具切换是否成功。OpenSCAD 生成的代码也可以被其他软件调用，当用户的部件库积累到一定数量时，使用起来就会相当方便。总的来说，OpenSCAD 适合有一定编程基础的爱好者使用，如果用户只想设计一个简单的模型，可以选择其他的建模方法。

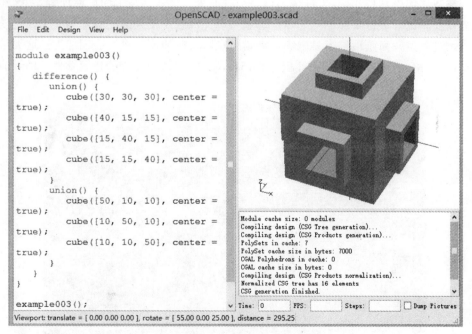

图 5-12　OpenSCAD 软件界面图

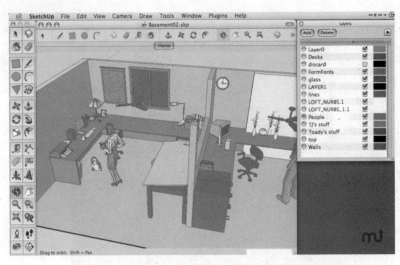

图 5-13　SketchUp 软件效果图（图片来源：soft.macx）

3. SketchUp

特点：界面友好，易学易用，组件资源丰富。

SketchUp（又名草图大师）界面简洁独特，适用范围广，很适合构建建筑、园林、景观、室内场景以及工业设计等领域的模型（图 5-13）。但是，SketchUp 无法直接生成切片软件识别的 STL 文件，用户需要使用其他模型预览软件，如 Meshlab 将其转换为 STL 格式。

5.2.2　CG 建模软件

和参数化建模软件相比，CG 建模软件更容易被初学者接受。简单地理解，CG 建模软件只需要使用鼠标进行平面间的布尔运算就可以完成模型的建立工作。但是 CG 建模的步骤较多，过程也较为繁琐，容易出错，需要用户对生成的模型进行后期加工。这类常见的软件有：3ds Max 和 Maya（图 5-14~图 5-15）。这些均为专业级的建模软件，场景渲染能力强大。

图 5-14　3ds Max2012 软件界面

图 5-15　Maya 软件界面（图片来源：百度百科）

3ds Max 和 Maya 是 Autodesk 公司旗下独立的两款软件，3ds Max 属于中端建模软件，易学易用；Maya 属于高端建模软件，渲染能力更强。对于构建一个 STL 模型文件来说，强大的场景渲染能力没有任何用武之地，所以笔者将它们归为一类。

目前常用的 CG 建模软件有如下几种。

1. Rhinoceros（犀牛软件）

特点：计算机配置要求低，内容精悍，容易上手。

如图 5-16 所示，Rhinoceros 广泛应用于工业制造、科学研究、机械设计和珠宝设计等领域。Rhinoceros 对系统和计算机配置的要求非常低，除非用户的操作系统低于 Windows 95，或者机器配置在 486 以下，在安装前完全不用考虑该软件是否可以运行的问题。

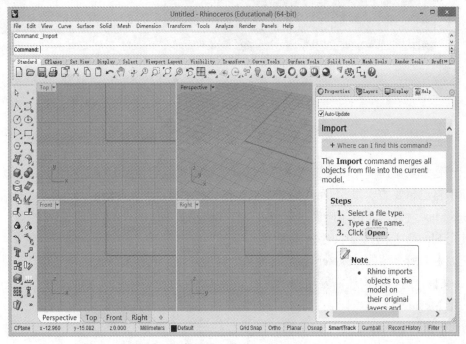

图 5-16　犀牛软件截图

2. Meshmixer

特点：专用于拼模型拼接与修补。

如图 5-17 所示，这款软件并不像上述所介绍的正经软件一样可以设计出精妙的模型，而是用来混搭各种不同的 3D 模型。使用 Meshmixer，用户可以轻松地将两个毫无关联的模型连接起来，就像图中所显示的一样。

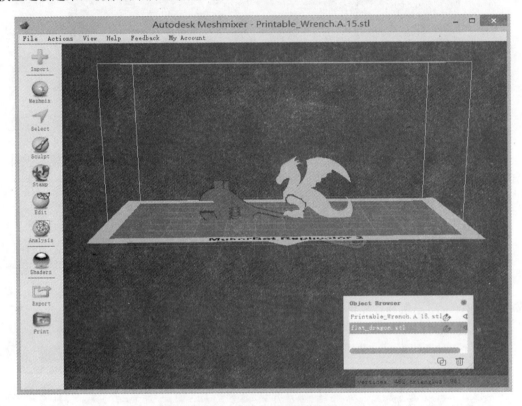

图 5-17　Meshmixer 软件界面

5.3　构建模型实例

无论是参数化建模软件还是 CG 建模软件，都需要一定使用时间的积累才能快速流畅地设计出自己想要的模型。下面我们分别以参数化建模软件中的 SketchUp 和 CG 建模软件中的 3ds Max 为例，介绍如何创建一个可以打印的中文字牌。

使用 SketchUp 创建中文字牌模型

正如上面所介绍的，SketchUp 界面友好，易学易用，但它无法直接生成切片软件识别的 STL 文件，所以我们还需要用到一款模型预览软件将模型转化成 STL 格式，这里我们选用的是 MeshLab。

1. 使用 SketchUp 创建中文字牌模型

第一步，打开 SketchUp，选择"建筑单位-毫米"为模板，进入程序（图 5-18）。

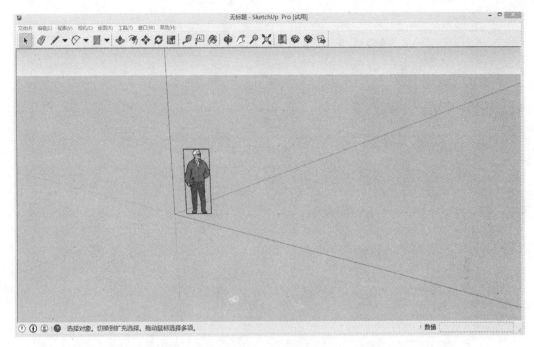

图 5-18　打开 SketchUp

第二步，选中任务模型，按"Delete"键将人物模型删除（图 5-19）。

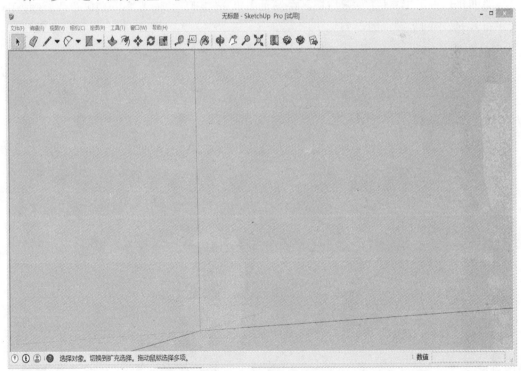

图 5-19　选中并删除人物模型

第三步，按住鼠标滚轮，将场景视角转向俯视视角（图 5-20）。

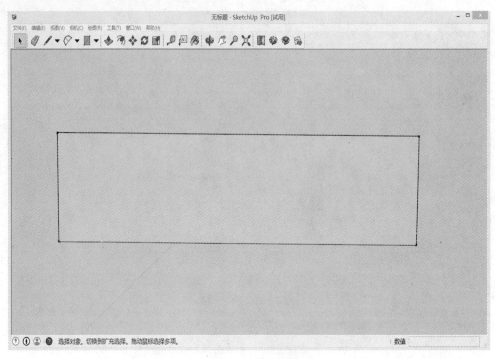

图 5-20　转换视角

第四步，点击工具栏的 ▨ ▾ 按钮，在场景中点击左键，并输入"400,100"（注意使用英文字符），敲击回车键（图 5-21）。

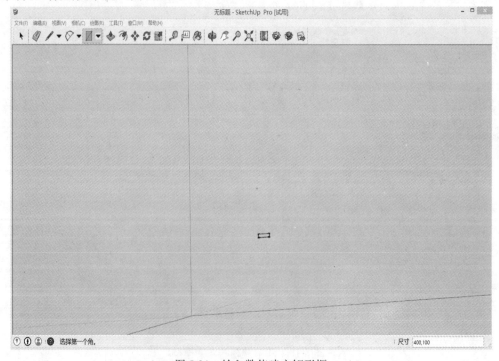

图 5-21　输入数值建立矩形框

第五步，滚动滑轮，将模型缩放至合适位置。点击 ✥ 按钮，选中刚刚所画的矩形，键盘输入"5",敲击回车键（图 5-22）。

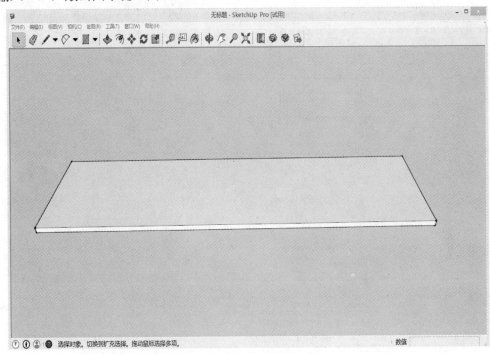

图 5-22　缩放矩形框

第七步，在菜单栏中选中"工具"→"三维文字"，在之后出现的对话框里，宽度框和高度框分别输入数值"85"和"10"（图 5-23）。

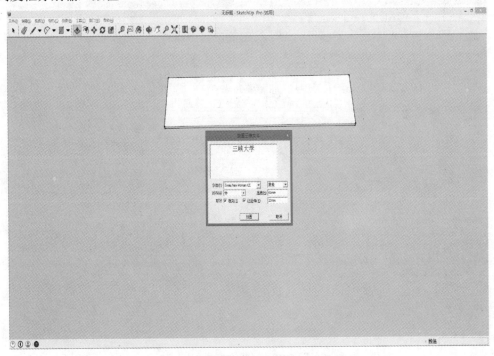

图 5-23　设置文字框的宽度和高度框

第八步，将生成的三维文字放在合适的位置（图5-24）。

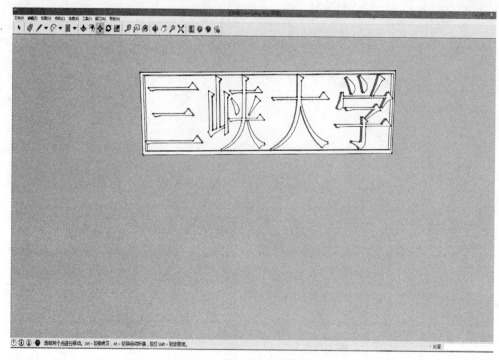

图 5-24　调整三维文字的位置

第九步，将生成的模型文件导出。在菜单栏中选择文件→导出→3D 模型（图 5-25）。

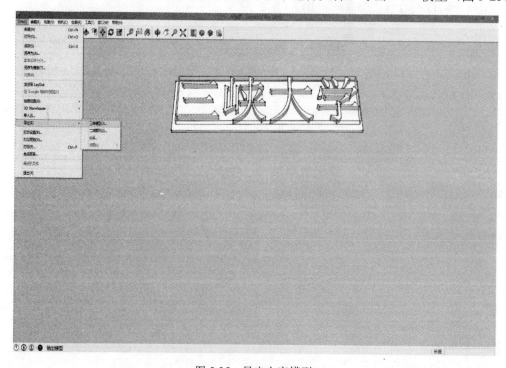

图 5-25　导出文字模型

第十步，利用 MeshLab，将文件格式转换成.stl 格式（图 5-26）。

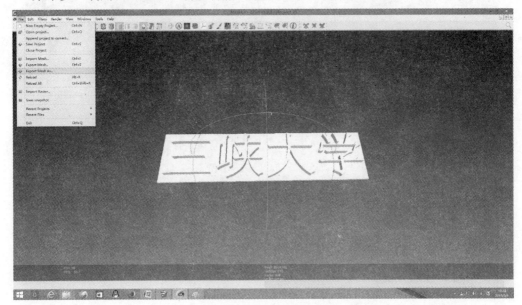

图 5-26　转换文件格式

至此，利用 SketchUp 建立字牌的工作已经全部完成了。

2. 使用 3ds Max 创建中文字牌模型

第一步，在菜单栏中选择"创建"→"图形"→"文本"（图 5-27）。

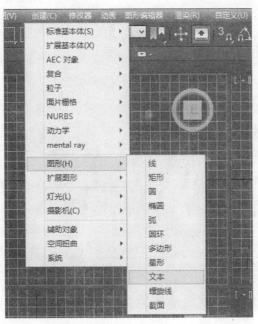

图 5-27　创建文本

第二步，在右下角的文本框内输入"3D 打印"四个字，大小选择 30.0，在左上角的中心位置点击，放置二维字体（图 5-28）。

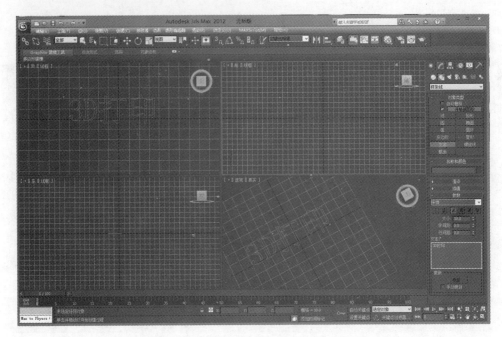

图 5-28　输入文字

第三步，选中刚刚放置的二维文字，在菜单栏中找到"修改器"→"网格编辑"→"挤出"，将二维文字扩展成三维文字。用户也可以在窗口右下角"参数"窗口手动输入拉伸的高度（图 5-29）。

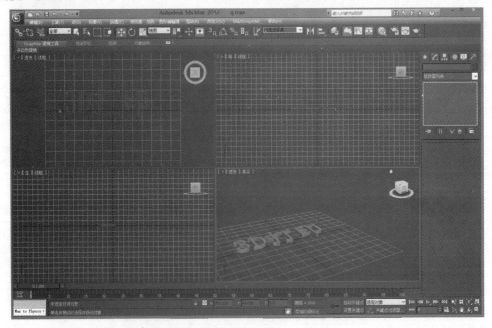

图 5-29　转换文字为三维字体

第四步，在菜单栏中选择"创建"→"标准基本体"→"长方体"，在左上角俯视图的位置拖动出一个合适的长方体，当然用户也可以在窗口的右下角输入长方体的长、宽、高值（图 5-30）。

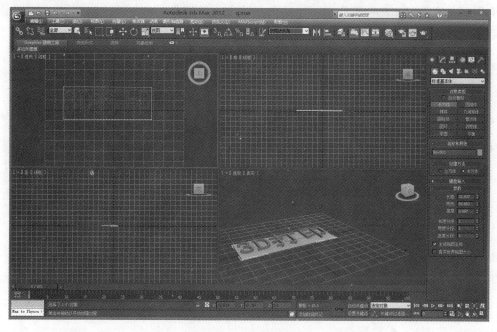

图 5-30　创建标准字体

第五步，将生成的两个组件选中，点击"导出"→"导出选定对象"，将文件保存为 STL 格式（图 5-31）。

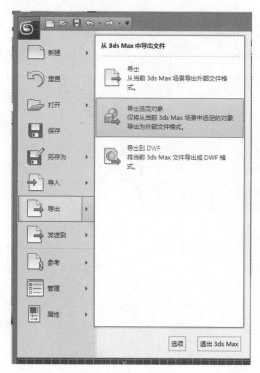

图 5-31　导出组件

　　至此，利用 3ds Max 建立模型的一般步骤就已经全部结束了，用户可以利用得到的模型参照第 4 章的打印流程进行进一步操作。图 5-32 是将"三峡大学"字样的字牌打印出的实物图。用户也可以自己动手设计其他好玩的模型，利用 3D 打印技术生成实物模型。

图 5-32　打印出的实物模型

第 6 章　3D 打印技巧杂项说明

6.1　打印机平台的校准

在打印机通过基本测试和打印了几个模型之后，用户就会发现打印效果的好坏在模型开始的几层就已经被决定了。所以打印机平台的校准程度，将直接决定模型打印效果的好坏。我们不建议用户在未检查电路前给打印机通电，也不建议在 3D 打印机平台校准前进行打印操作，这种盲目的行为极有可能对打印机造成永久性的伤害。下面我们就以 Prusa Mendel I3（下面简称 I3）为例，详细介绍打印机的校准过程。

6.1.1　校准前准备工作

在校准之前，需要准备螺丝刀、钳子及合适的扳手，以便于调试（图 6-1）。

校准的前提是所有的部件都被安装在了正确的位置上，所有的模块（如控制板、挤出头、步进电机）都被正确地安装和连线，所有的螺丝与螺母都已经被固定。这些细节将在很大程度上决定了 3D 打印机校准后的效果。

校准的直接手段是调整挤出头与热床之间的距离和热床与挤出头的水平程度，目的是为了获得更好的打印效果。如果 3D 打印机底座不平或者放置 3D 打印机的桌子不平，那么所有的校准工作都将没有任何意义。在打印过程中，挤出头快速移动与步进电机会造成微小震动，如果放置 3D 打印机的桌面不平，打印出成品的效果会很不理想。所以放置打印机的桌面需要结实稳固，在极少的情况下，3D 打印机运行过程中会与桌子产生共振，如果桌子不够结实，打印出成品的质量会受到影响。

图 6-1　3D 打印机校准准备（图片来源：打印虎）

6.1.2　校准步进电机

表面上看起来没有问题是正常运行的非充分但必要的条件。为了避免接通电源后出现短路和烧毁电源、控制板等比较严重的事故，用户打印前需要重点检查 3D 打印机的电气连线、电源与控制板的连线是否错误（烧毁控制板），风扇、挤出头的连线是否存在短路或断路的情况（无法正常运行），电机控制模块是否插反（烧毁电机控制模块），风扇的连线是否接反（影响风扇风向），等等。在重新检查一遍电气连线后，可以开始下面的步骤。

启动 I3 电源（通常是连上 220V 电源），然后把所有的相关软件安装好就可以进入测试和校准步骤了。这里使用 Repetier-Host 软件的手动控制功能进行测试。对 Repetier-Host 的使用，可以参考第 4 章的内容，在此我们仅使用其中的手动控制功能。软件启动之后，先点击左上角的"连接"按钮，连接成功后按钮会变为绿色。然后切换到手动控制面板，如图 6-2 所示。

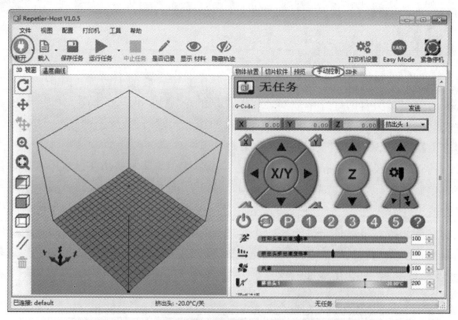

图 6-2　Repetier-Host 手动控制界面（图片来源：打印虎）

第一次使用 Repetier-Host 时，X 轴、Y 轴、Z 轴对应输入框里的字体是红色的，这表示 Repetier-Host 不了解挤出头所处的位置，用户可以通过点击复位按钮来使各个轴复位。分别按下图 6-3 中 X 轴、Y 轴、Z 轴方向的箭头，检查步进电机运动方向是否正确。每个轴向上，负方向都应该是限位开关所在的方向，如果运动相反，需将步进电机的连线反接；向负方向运动到头，就会触发限位开关。按下"小房子"按钮，也是同样的动作。

步进电机在运行过程中会有规律的运转声音，实际打印过程中会出现类似音阶规律的声音，如果打印机热床在复位，挤出头在运行过程中出现异响、抖动的现象，那么就需要重新检查元器件间的连线，先检查 X 轴、Y 轴、Z 轴方向的限位开关的连线是否正常，其次再检查杜邦线的线头是否正常。

如果确认了连线都没有问题，而电机的转力没有达到正常打印的要求，则可以尝试调整步进电机的电流。如果打印机采用的是"Arduino+RAMPS"的解决方案，那么用户需要调整如图 6-4 所示的箭头所指的位置，也就是调整步进电机的微调电位器。如果打印机使用的是 Sanguinololu 的控制板，就需要调节图 6-3 中所示的电位器（调节位置为图中圆形螺母），它们分别指向了 X 轴和 Y 轴的微调电位器，Z 轴和 E 轴（控制挤出头步进电机）也在对应的位置上。

图 6-3　Sanguinololu 控制板微调电位器　　　　图 6-4　A4988 步进电机驱动器电位器

调整步进电机需要万用表，一般控制电流的模块在达到最大值后，继续拧动电位器会使电流归零。当步进电机电流过小时，可能会出现步进电机振动但不转动的现象，出现这种情况后可以尝试加大步进电机的电流；反之，当步进电机电流过大时，会出现散热片过热，进而导致步进电机时而工作时而停滞的情况，这种现象出现时，需要减小步进电机的电流。

6.1.3　挤出头和热床的相对位置粗调

校准的手段之一就是调整挤出头与热床之间的距离。有过打印经验的人会发现，想要打印出高质量的 3D 模型，关键的一个步骤就是 3D 打印机挤出头和热床之间的配合和第一层的打印效果（第 4 章介绍过，第一层的打印效果与切片软件的配置文件也有关系）。3D 打印机挤出头和热床之间的距离太近或太远，都将使打印得不到想要的打印效果：太近会使挤出头和热床之间互相刮蹭，造成 3D 打印机挤出头的损坏；太远会使挤出头挤出的塑料丝无法粘着在热床上，没有办法完成打印。第一层是整个 3D 打印模型的基础（即使模型有底座也是这样），如果第一层的打印效果很差，那么接下来的在其之上的打印质量都会有所下降，甚至会导致整个 3D 打印模型的失败。图 6-5~图 6-7 演示的是挤出头与热床之间的距离对打印效果的影响。

横截面

图 6-5　第一层理想的打印效果图（图片来源：COME3D 打印机）

图 6-5 中打印出了理想的丝料挤出效果。在合适的距离下，可以让第一层的打印效果最佳，产生大小适中的附着力以及正确的 3D 打印模型形状。

出现图 6-6 展示的丝料效果，代表挤出头和热床之间的距离过小。虽然还没有造成两者的刮蹭，但此时 3D 打印模型形状质量已经开始下降，最终的打印成品将可能难于从热床上取下。出现这种效果后需要将限位开关的位置进行适当的调整，略微提高挤出头与热床之间的位置。

图 6-6　挤出头与热床位置过小的打印效果图（图片来源：COME3D 打印机）

出现图 6-7 效果的原因除了挤出头与热床间距过大，也有可能是喷嘴被碰撞而发生了物理形变，通常前者会更常见一些。除此之外，如果挤出丝盘绕在挤出头周围而无法粘连在热床上，那么极有可能也是这种原因。图中挤出的塑料丝虽然可以勉强附着在热床上，但已经降低了打印的效果。出现这种情况后需要进行重新校准，减小挤出头和热床之间的距离，多次实验直到达到最好效果。

图 6-7　挤出头与热床间距过大的打印效果图（图片来源：COME3D 打印机）

6.1.4　挤出头的水平调节

挤出头的调节分为粗调和精调两部分。Prusa Mendel I3 3D 打印机使用两个丝杆步进电机来确定挤出头 Z 轴的位置，而 Z 轴的复位位置由对应的限位开关决定，这就需要我们在断电的情况下手动旋转两个轴（图 6-8 中箭头所指的位置）并在通电情况下对 Z 轴进行复位操作来检验挤出头的水平程度。挤出头水平调节的过程最好有明确的水平参照物，在调整后，复位过程如果听到刺耳的旋转声则表示 Z 轴没有调平。之后我们需要将包括 X 轴步进电机、X 轴框架以及整个挤出头在内的部分调整成水平的状态，以保证整体调平的成功。

图 6-8　Z 轴步进电机微调（图片来源：打印虎）

Z 轴复位限位开关的上面有一个调整高度的螺丝孔，这个螺母的高度，决定了 Z 轴的复位位置，我们在此旋入一颗螺丝，并且上下都用螺母固定。尽量将 Z 轴的复位位置设置为打印头恰好停在热床上的位置（图 6-9）。这个过程很费时间，调整过程需要反复的实验才能达到最好的效果。

图 6-9　Z 轴螺母位置（图片来源：打印虎）

打印机平台的粗调本身不要求极高的精度，也不需要专门的测量工具的协助，但后续的调平需要该步骤的支持。同时只有在良好的基础上，后面的细调才能达到预期的效果。如果粗调本身没有做好，后面的细调就没有什么意义。

6.1.5　挤出头和热床的相对位置细调与热床的调平

挤出头的水平调节完成之后，挤出头和热床之间的相对距离会发生一定变化，因此还需要精细地调整挤出头和热床的相对位置。如图 6-10 所示，先固定热床的一个角，并将 X 轴和 Y 轴都复位，之后挤出头移动到热床的角上。把一张平整的 A4 纸放到挤出头和热床之间，微调限位开关或打印机热床，抽动纸条看是否能感觉到轻微的阻力。如果有轻微的阻力，则说明挤出头已经处在正确的位置上了。否则，需要调整热床这个角的螺丝，稍稍提高或降低热床。

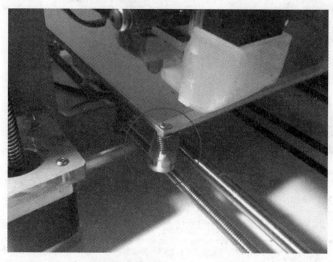

图 6-10　选择固定一个热床的角（图片来源：打印虎）

接着固定第二个角，利用 Repetier–Host 慢慢将热床移动到远端，注意不要让挤出头与热床有剐蹭。和前面介绍的一样，这时也是利用一张 A4 纸来测试挤出头和热床之间是否已经在合适的位置，反复调节以获得最佳的效果（图 6-11）。

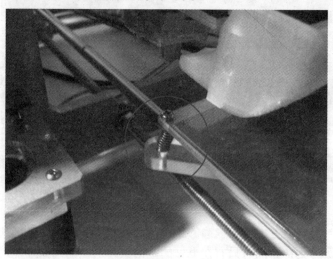

图 6-11　调整热床的第二个螺丝（图片来源：打印虎）

第二个角完成之后，把热床复位退回到第一个角，再用纸条确认第一个角是否仍然处于合适的位置。上述步骤都完成后，我们的打印机热床已有两个角处于相同的水平位置。同样地，前两个角都完成了之后，调整另一个轴远端的第三个和第四个角（图 6-12）。完成后，热床与挤出头之间的距离将会有略微改变，重复上述操作完成之后再退回第一个和第二个角，测试和调整以获得最好效果。至此，热床的调平完成了，接下来需要对调平的成果进行测试。

图 6-12　调整热床的另一侧螺丝（图片来源：打印虎）

6.1.6　打印测试 3D 模型

在所有校准工作都完成之后，应该尝试打印一个 3D 模型，检查所有四个角，挤出头和热床之间是否已经达到了合适的相对位置。

经过一轮校准之后，打印机的平台应达到水平，尝试打印图 6-13 的模型时，第一层应与图 6-14 的效果图相似。测试模型打印效果细节对比如图 6-15 和图 6-16 所示。

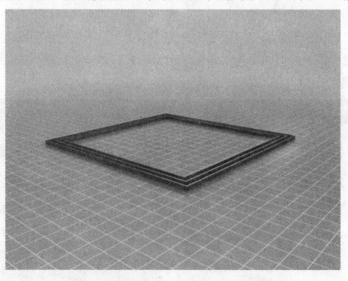

图 6-13　测试平台模型（图片来源：打印虎）

图 6-14　测试模型打印效果图（图片来源：打印虎）

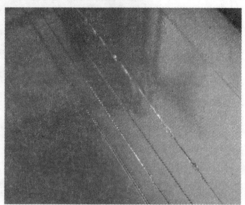

图 6-15　模型打印左侧效果图　　　　　　　　图 6-16　模型打印右侧效果图

　　实际打印后从两边对比我们可以看出，左侧的打印质量明显优于右侧。右侧的第一层打印结果，对比之前的示意图就可以看出，是挤出头和热床之间的距离太大造成的。再次校准，拧松右侧的第三、第四个角的螺母，略微提高其高度。反复测试打印这个校准测试模型，直到出现图 6-17 与图 6-18 的效果图。

图 6-17　校准后打印效果图　　　　　　　　图 6-18　校准后右侧打印细节

经过所有这些校准步骤之后，3D 打印机平台的校准工作就基本上完成了，这时候就可以尝试打印更加复杂的模型。需要注意的是，打印机平台的校准并不是一劳永逸的，实际打印过程底座的抖动和挤出头位置略微的偏移是极有可能改变打印成品的质量，所以需要用户在做好打印机保养和维护的同时，经常检查打印机的校准情况。

6.2　3D 打印机的保养与维护

对于一个长时间运转的机械而言，经常的检查和保养可以使机械设备长时间处于良好的运行状态，也能够有效地提高机械的使用寿命，为用户创造更大的价值。3D 打印机作为新型的造型机械，与传统的机械设备相比，结构相对简单，维护与保养起来也会比较简便。平时只要做好关键部件的日常保养工作，打印过程中就不会出现棘手的问题。使用打印机开始打印前需要检查的部分如图 6-19 所示。

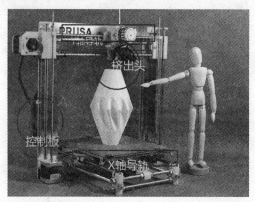

图 6-19　打印开始前需要检查的部分（原图来源：RepRap 社区）

6.2.1　开机前的检查

在开启打印机进行打印前，要做一些检查，这些检查包括：控制板上的连线是否有松动，挤出头是否有堵塞，电机轴承和导轨上是否有污物，打印机平台是否需要重新校准。如果发现挤出头内有滞留的废料要立即清理干净，以免堵塞挤出头。松动的螺母，特别是各个轴步进电机同步轮上的螺母需要经常检查，发现松动需要及时拧紧，衰老和磨损的零件要及时更换，定期给运动部件添加润滑油。

6.2.2　打印过程中的检查

一个模型打印可能要花费数个小时甚至更久，打印过程需要安全的环境并保证打印过程中不能出现停顿。为此 RepRap 社区给使用者的建议是做好所有的防护措施，包括在进行打印机工作的房间里准备一个烟雾报警器。

让用户长时间在打印机旁守候模型的打印显然是很不明智的。如果你的打印机是自己严格按照开源社区的图纸组装得到，且在数次打印测试过程中工作良好，那么在长时间的打印过程中每 1 个小时检查一次打印机和模型成型的状态就已经足够。除此之外，应该在打印工作时留意其以下几点状态。

（1）如图 6-20 所示，打印机各个部件的温度，包括挤出头、热床、步进电机、控制板和电源，闻一闻有没有明显的焦糊味。如果用户"有幸"闻到具有硅胶香气的焦糊味，则打印机很可能正在超负荷工作。

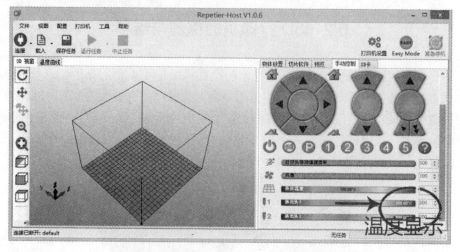

图 6-20　Repetier-Host 温度显示

（2）X/Y/Z 轴行进过程中是否有障碍物。例如：X 轴负方向是否有电线堆积，Y 轴放行是否有打结的丝料，Z 轴方向是否有导线牵连阻碍运动等。DIY 的 3D 打印机的连线较多，虽然品牌打印机倾向于将线路隐藏在内部，但不排除有部分线路意外裸露的可能，这些裸露的线路将阻碍打印机的正常工作，导致打印失败。

（3）皮带松紧是否合适。判断打印机皮带是否松弛要听3D打印机正常工作时的声音，通常皮带自然下垂就代表皮带过松了，需要更换皮带；相反，如果您的步进电机在工作的时候发出很大声音，并且在其停止工作时拉动皮带，皮带会发出比较响的声音时，则表明皮带太紧了。皮带太松，打印出的作品精度会降低；皮带过紧，则会给电机轴和滑轮带来很大的压力，加速部件磨损（图6-21）。

图 6-21　传动轮和皮带（图片来源：易登网）

（4）打印过程中是否有异响。当您的打印机发出噪声，并试图震动前进时，请检查噪声是否来自滑杆，滑杆是否需要清理，添加以下润滑油可以有效减少轴承与滑杆之间的摩擦，延长打印机的使用寿命（图 6-22）。

图 6-22　打印机滑杆（图片来源：中国电子 DIY）

6.2.3　打印完成后的维护

如果用户打印机计划将搁置一段时间不用，就需要做到以下几点，以便下次启动后正常使用。

（1）务必将挤出头内的废丝清理掉，可以尝试将挤出头加热到 200℃（PLA 材料下），在此温度下废丝会自动融化、流出，在这之后也可以用镊子，或者直接拆下挤出头进行彻底清理。

（2）用不掉毛的毛巾蘸上酒精或丙酮（注意丙酮有剧毒且易燃）将热床平台轻轻擦拭干净。使用干净的布将步进电机等组件上的油污擦拭干净，并给缺油的部件上油，以保证下次使用时打印机运转正常。

（3）使用牙刷横向扫去 Z 轴丝杆和滑杆上的污物，注意不要使用容易留下纤维的纸或者布。3D 打印机的 Z 轴控制着打印出模型的高度、厚度，因此需要进行额外的清理。

6.3　丝料无法附着在热床上

许多 3D 打印机的用户都会遇到挤出头挤出的丝料无法附着在热床上问题，一些用户在尝试过很多方法后依然无法有效地解决问题，但如果明白了这个问题的成因，对症下药，将会使问题变得十分简单。

1. 调整热床与挤出头的间距

正常情况下，挤出机将丝料融化后由挤出头挤出，然后由塑料丝线聚集成一层薄薄的模型，在打印完成一层后，往下层打印累积形成实物模型。在实际的打印过程中，ABS/PLA 材料在离开挤出头后会迅速降温凝固在挤出头周围形成网状缠绕物，导致打印失败。

一般用户在安装好打印机后不会在挤出头与热床间留下较大的间隙，挤出头与热床的间隙刚好可以允许一张 A4 纸前后移动，调整间隙使之达到此要求。请务必注意不要让挤出机与热床碰撞，以免对挤出头造成机械损坏。

2. 清理热床平台

在清理之前需要弄清楚热床平台的表面材料是否适于挤出丝料的附着（见图 6-23），Kapton 类的聚酰亚胺胶带（俗称金手指胶带）和 PET 类型的聚酰亚胺胶带非常适用于 ABS 材料和 PLA 材料。另外，PLA 也可以粘在蓝色的美纹纸胶带上或者玻璃板上。如果用户使用了其他材料，丝料在热床上将不易附着成型。

图 6-23   金手指胶带（左）和蓝色美纹贴纸（右）（图片来源：网络）

接下来，用户需要将打印机挤出头升高，用一块不掉毛的绒布和酒精或者丙酮清洗剂将热床轻轻擦拭干净。如果使用了丙酮作为清洗剂，需注意做好防护，避免中毒；如果使用的纸胶带出现了破损，需及时更换新的纸胶带。

3. 热床和挤出头的温度

在尝试过上述两种方法仍无法解决丝料无法附着的问题后，可以尝试一下以下这个方法。这个方法很简单，即在打印前将打印机挤出头和热床的温度提高 5~20℃。

对于 PLA 材料，通常来说热床只需要 65℃，挤出头只需要 185℃；对于 ABS 材料，热床只需要 110℃，挤出头只需要约 210℃。实际打印过程中，如果室温较低，丝料在离开挤出头后会迅速凝固，出现这种情况时，用户就必须将挤出头和热床的温度提高，这样打印才能继续。升温前需留意打印机电源和挤出头所能承受的极限，避免悲剧发生。

4. 打印耗材的问题

在打印过程中，用户还可能会遇到打印耗材的问题。如果用户尝试了上述三种方法丝料还是无法正常附着在平台上，那就很可能是打印耗材出现了问题，这种情况下需要与耗材供应商联系。

6.4   模型错位及产生的原因

模型错位是 3D 打印过程中偶尔会遇到的问题，也是造成打印失败的一个重要原因。如果模型错位发生，很可能是下面几种情况导致的。

打印机缺少零部件或者皮带相连的组件螺丝没有固定

我们认为，在用户匆忙从软件上寻找答案之前，应该先从找到软件服务的对象——硬件上寻找答案。对于新手而言，DIY 一个 3D 打印机是一项相当烦琐的工作，安装过程中很容易遗忘掉一些细节问题。要先检查与皮带相连的轴承或者滑轮是否已经安装，固定滑轮和轴承的支撑组件是否已经固定到位，底座是否固定且水平。如果用户对打印机的安装过程不清楚，就需要将打印机各组件重新检查一遍。

1. 控制板上的电压是否过高/低或者不稳

控制板上的电压包括由电源输出给控制主板的电压和控制主板上控制模块的电压。实际打印过程中，在打印机工作的环境里开关大功率电器（有时候甚至是电灯）有可能会使控制板上的电压或者电流产生波动，而这两部分的电压波动将会进一步导致主板上的电压不稳从而造成打印机的失步和模型的错位。比较稳妥的办法是在打印机电源与家用电源之间连接一个稳压器，否则最好在打印过程中保持家用电器的开关状态。

控制板上的电压过高会导致控制板工作时负载压力过大，在长达数小时甚至更久的打印过程中，控制板需要持续读取和输出信息，控制芯片将会产生大量的热。控制芯片在达到受热极限后计算出现错误，这些错误反馈在打印机上就是打印机的停顿和失步，从而导致模型错位；相反的，控制板上的电压过低将会导致控制输出给步进电机的电压达不到要求，步进电机产生的扭矩不够，进一步导致挤出头无法在预定的时间到达预定的地点，也就造成了打印出模型的错位。

2. 主板问题

如果用户打印的模型总是在同一高度错位，那就很可能是控制主板的问题，需要及时更换主板。市场上主流的几款控制板性能都相当优越，也有很多它们的山寨版本流行于市场，它们是由小工厂甚至个人根据开源的设计图纸制作而来，价格便宜，但稳定性不高。如果用户对自己的元器件焊接能力足够自信，购买元器件 DIY 控制板将是不错的选择；如果动手能力相对欠缺，为了您的打印机能够长时间正常工作，需慎重选择购买控制板。

3. 马达的负载重量过大

如果用户的打印机平台使用的是玻璃或者金属底板，就需要注意到这个问题。底板是 X 轴马达负重的主要来源，用户可以使用玻纤板替代原有的玻璃，用胶带纸或者美纹纸来替代热床上模型的附着板那样可以大大减轻马达的负荷。

4. 皮带过紧

皮带太紧，也会导致马达所受的力过大，合适的松紧不仅有助于减少皮带与同步轮之间的阻力，也有利于马达的顺利运转，提高模型的精准度。

5. 模型图纸问题或者切片出错

如果用户在打印某一个模型时出现错位，但是打印其他模型都是正常的，那么就很可能是这个原因。用户可以尝试将模型移动位置或者换一个切片软件重新生成 G-code。现在常见的开源切片软件有 Slic3r，Cura，Skeignforge，但它们并不能完全保证切片的正确性。同时，用户也可以降低打印机工作的速度和固件中默认的移动加速度来提高模型打印的可靠性。

6.5　3D 打印作品抛光

6.5.1　ABS 材料作品的抛光

由于 FDM 打印过程中的层叠效应，桌面级 3D 打印机所打印出来的作品都不会非常光滑，使用者可以根据需要进行后期的抛光处理。目前采用抛光解决这个问题的办法只有两种，一种是使用有机溶剂融化模型粗糙的表面，如丙酮、二氯甲烷，但用于抛光的有机溶剂大多易燃，剧毒，且抛光过程不易控制；另外一种是使用砂纸、石子等进行物理打磨，这种方法容易对作品的细节造成损害，打磨过程中产生的细小颗粒也容易被人体吸入影响健康。

Stratasys 公司推出了一台大型的润色抛光机（Finishing Touch Smoothing Station），其售价为 3 万美元，这一高昂的价格几乎让每一个有抛光需要的玩家望而却步。中国重庆科技学院的一名本科生最近发明了一款低价的 3D 打印抛光机器（图 6-24），该机器的工作原理与 Stratasys 公司推出的抛光机原理基本相同，即将零件表面突出部分的材料转移到凹槽部分，从而实现模型的抛光。更重要的是，这款抛光机器中使用的不是丙酮、丁酮、四氢呋喃等有毒的抛光物质，而是使用其自主研发的环保材料。

图 6-24　抛光机器及抛光作品效果图（图片来源：3D 小蚂蚁）

如图 6-25 所示，抛光后，作品的"断层感"有所减弱，但是在调整角度后仍然可以在表面看见明显的凹凸。此外，抛光的程度与放入丙酮量的多少、容器大小和放置的时间有关，在正式对某一副本进行抛光前，比较明智的做法是先打印几个副本测试几遍。丙酮具有挥发性和毒性，使用时应注意安全。

图 6-25　抛光前后效果对比图（图片来源：3D 小蚂蚁）

6.5.2　PLA 材料作品的抛光

化学药剂对 PLA 材料的抛光效果很差，只能采用物理打磨的方法来实现。Materialise

网站曾推出过白色 PLA 材料作品的免费抛光服务，该服务将模型放置在一个装满小石块的大容器中，通过高频振动，小石子会磨平作品上的较为粗糙的部分（图 6-26）。

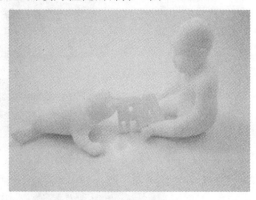

图 6-26　抛光前后效果对比图（图片来源：三达网）

这项服务说明中明确说明了模型的壁厚至少要 1mm，模型的尺寸必须在 10mm×10mm×10mm 和 200mm×200mm×200mm 之间，且抛光 PLA 材料会比抛光其他材料多花 3 个工作日的时间。

6.6　3D 打印材料的选择

桌面级开源 3D 打印机目前主要支持打印两种材料，一种是 ABS 材料，另外一种则是 PLA 材料。下面我们来介绍这两种材料的特点，方便大家选购最适合自己的一款材料。

6.6.1　ABS 材料

ABS 材料学名：丙烯腈-丁二烯-苯乙烯共聚物，是熔融沉积技术最早使用的材料。从温度上看，ABS 适应的打印温度，挤出头需在 220~240℃之间，热床温度在 80℃以上。一般的 ABS 材料熔点为 170℃左右，分解温度为 260℃；注塑温度的可调区间比较大。

ABS 材料的打印性能很好，在温度达到要求后很容易被挤出，因此不用担心挤出头的堵塞问题。另外，ABS 材料支持的打印速度很快，打印过程罕见抽丝问题，回抽速度可以大大加快。ABS 材料有遇冷收缩的特点，用其打印的模型容易在热床上脱落，因此不适合在室温较低的房间内，或使用开放空间的打印机（如 Prusa Mendel I3）打印，也不适合打印高度较高的模型。打印过程中，ABS 材料会产生较大的刺激性气味，容易让人觉得不舒服，所以保持良好的通风还是很必要的。

使用 ABS 材料打印出的模型耐高温、抗压力的特性较好，抗腐蚀性能力较差，一般适用于打印手机壳、刀柄、玩具模型之类（图 6-27）。ABS 塑料在打印机喷头高温融化后制作出来的物品，可能会含有双酚 A（一种工业化学品，可能会导致癌症或心脏问题，对于婴儿还可能导致脑部损伤），产生的双酚 A 可能会通过口部进入人体，对人体造成损害，所以 ABS 材料不能用来制作餐具。

图 6-27　ABS 打印材料及其打印作品（图片来源：Stratasys）

除此之外，ABS 材料还有以下特性。

（1）ABS 材料有吸湿倾向，存储时需要注意。

（2）ABS 材料耐热性较差，紫外线会使其变色。

（3）ABS 材料耐候性较差，不适合打印长时间服务于户外的模型。

（4）ABS 材料熔体黏度较高，流动性较差。

6.6.2　PLA 材料

PLA 学名：聚乳酸，英文全称为：Polylactic Acid，是桌面级 3D 打印机最常用的材料之一，打印时会产生甘甜气味。PLA 材料是以乳酸为主要原料得到的聚合物，原料来源于玉米、木薯等高淀粉含量的植物，生产过程无污染，产品可以生物降解（图 6-28）。

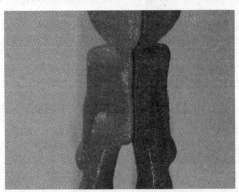

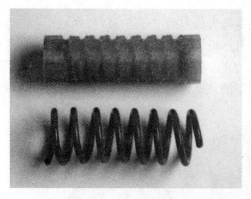

图 6-28 利用 PLA 材料打印的作品（图片来源：Thingsgviers）

PLA 材料的打印温度在 180~210℃之间，打印过程中热床温度在 60℃左右。PLA 材料与 ABS 材料相反，容易堵住挤出头，但在热床上时不容易收缩，不用担心成品在打印过程中从板子上悬空、破损，因此更适合在户外打印。PLA 材料打印会产生甘甜气味，但在打印过程中依然要保持空气的流通，防止人体吸入过量烟尘造成身体不适。

PLA 材料打印出的模型耐腐蚀性较好，较脆，不适合做较薄的模型，如果掉落，可能会在模型上造成缺口；适合制作盒子和原型元件。需要注意的是，PLA 材料制作的模型不适合盛放温度在 60℃以上的液体，因为过高的温度会让模型变形。除此之外，PLA 材料还有以下特性。

（1）PLA 本身为透明材料，打印出的模型颜色鲜艳，富有光泽。

（2）PLA 材料可以在热床未加热的情况下打印而不会翘边（通常不建议这么做）。

（3）PLA 材料在加热到 220℃时会出现鼓起的气泡，随后会被碳化而堵住挤出头，非常危险。

（4）PLA 材料打印出的模型硬度好，强度较高，常被用来打印 3D 打印机部件。表 6-1 为上述两种材料特性的简单对比。

表 6-1 ABS 材料与 PLA 材料的对比

	ABS 材料	PLA 材料
挤出头温度	220~240℃	180~210℃
热床温度	80℃以上	60℃左右
优点	耐高温，抗压力性好，弹性好，易抛光	耐腐蚀性较好，硬度较好，强度较高，不容易收缩
缺点	耐候性较差，有吸湿倾向，模型容易收缩	较脆，不耐高温，220℃时会被碳化发生危险
适用场合	机壳、刀柄、戒指、模型玩具等	打印机部件，模型玩具等

6.7 3D 模型的分解

在本书中，我们主要介绍了桌面级 3D 打印技术的原理与应用。在工业生产中，快速成型技术经常被用来做产品的模型开发，将创意快速转换成现实世界的模型，指导大尺寸的物体与机器零件的生产流程。

　　无论是小巧便捷的桌面级 3D 打印机，还是庞大稳定的工业级 3D 打印机，它们都有一个内在的尺寸限制。当所需打印的模型大于打印机所能接受的尺寸时，模型就需要被分解成许多小块后才能打印（图 6-29）。到目前为止，模型分解的过程多需要用户按照经验进行手动的切割，模型的分解过程难以找到科学的依据，分解后的小块很有可能破坏模型原有的良好的物理特性。

图 6-29　模型分解示意图（图片来源：《printing 3D Objects with Interlocking parts》）

　　如果模型的分解是可控的，那么任何一个 3D 模型都可以被分解成结构合理的模块，它将有以下几个优点：

　　（1）降低维护成本。在模型出现破损后只需要重新打印对应模块，而无须重新打印模型。

　　（2）提高存储和运输效率。在运输大尺寸模型时可以节省较大空间，提高运输的可靠性。

　　（3）模型的外观更灵活。如果是在旧模型上进行修改而得到的新模型，那么只需要将变换的部分替换掉就可以了。

　　关于模型分解的问题，近年来学术界提出了许多的思路，其中较为有名的是美国普林斯顿大学研究的 Chopper 框架。Chopper 框架认为任何一个模型都很有很多种不同的分解方法，而人们真实需要的分解方法应该具有以下特征，并选取其中的最优解。

　　（1）可打印性：分解得到的任何一个部件都是可以打印的。

　　（2）可装配性：分解后的部件必须能重新组合得到原模型。

　　（3）高效性：分解后的部件要尽可能少，尽可能避免出现过小部件。

　　（4）坚固性：分解后的部件不能出现拨片，接缝处尽力避开模型受力区。

　　（5）可行性：每个切片必须具有足够的凹连接点和凸连接点，或其他辅助连接设置。

　　（6）美学：分解后的模型接缝处尽力保持自然。

　　图 6-30 为利用 Chopper 框架分解一个椅子的示意图：椅子的四条腿被对称地分解成了8 份，椅背被上下对称分解成了 2 份，座位部分被左右对称分解成了 2 份，分解过程符合上述 6 条原则。

图 6-30　Chopper 框架下的模型分解示意图

（图片来源：《Chopper：Partitioning Models into 3D-Printable Parts》）

如图 6-31 所示，普林斯顿大学的 Chopper 框架中定义了一种简单的连接方式，即利用凹连接点和凸连接点连接两部分。Chopper 的这种连接并没有办法提供足够的结构强度支持，对于一些较小的易破碎的模型，这种连接方式就会显得很尴尬。这种情况的解决办法之一就是使用胶水将部件间进行粘连，粘连后的部件能够紧紧地连接成一个整体。使用胶水连接是一种永久性的连接，并将阻止部件的更换、重构，因而极大地增加模型的成本。为了解决这个问题，中国科技大学与南洋理工大学提出了一种互锁的连接方式，如图 6-32 所示。

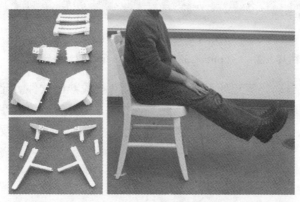

图 6-31　利用 Chopper 框架模型分解打印及组装效果图

（图片来源：《Chopper：Partitioning Models into 3D-Printable Parts》）

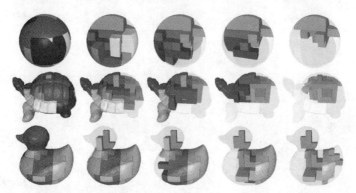

图 6-32　互锁连接方式的示意图（图片来源：《printing 3D Objects with Interlocking parts》）

互锁型连接方式是利用模型本身的特点将模型分解成可以互相嵌入的结构，如图 6-32 与图 6-33 所示。这种结构取代了 Chopper 框架下的凸连接点与凹连接点，除此之外，互锁型连接方式还具有以下优点。

（1）部件之间连接部分的几何形状完全契合，无须另外创建额外的连接点。

（2）可以实现模型之间的反复拆卸与组装，方便进行有效的维护与存储。

（3）互锁型结构被证明为长期有效的结构，可以实现比 Chopper 框架更坚固的部件连接。

（4）互锁型结构的模型表面光滑，无孔洞与凸起。

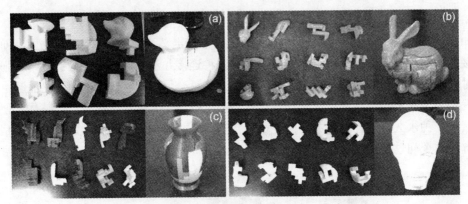

图 6-33　利用互锁连接点打印出的组件及成品图

（图片来源：《printing 3D Objects with Interlocking parts》）

目前 3D 模型的自动分解还处于研究阶段，没有很成熟的软件。此外，现在模型的分解主要还是利用 3D 软件结合已有的经验通过手工的方式分解。笔者在此也只作简单的介绍，如果读者想深入了解它们的算法原理，可以参考文献中的相关论文。

附录　G-code 代码含义注解

G0：快速（速度加倍）、非同步运行到指定位置。

　　例如：G0 [X] [Y] [Z] [E] [F]；

G1：同步运行到指定位置。

　　例如：G1 [X] [Y] [Z] [E] [F]；

G4：延时指定的 ms 数。

　　例如：G4 P；

G20：设置英制单位。

G21：设置公制单位。

G28：回到原点。

　　例如：G28 [X0] [Y0] [Z0] [E0]；

G90：使用绝对坐标。

G91：使用相对坐标。

G92：设定当前坐标。

M0：关闭 x/y/z/e 电机关闭挤出头和热床的目标温度为 0。

　　例如：{M0}

　　控制板返回：{ok}；

M17：使能 x/y/z/e 电机。

　　例如：{M17}

　　控制板返回：{ok}；

M18：禁止使能 x/y/z/e 电机，使电机处于自由状态。

　　例如：{M18}

　　控制板返回：{ok}；

M20：列出 SD 卡中文件目录。

　　例如：{M20}

　　控制板返回：{Begin file list/…/…/…End file list ok}；

M21：SD 卡初始化。

　　例如：{M21}

　　控制板返回；{ok}；

M22：释放 SD 卡，使之无效。

　　例如：{M22}

　　控制板返回：{ok}；

M23：选择要打印的文件名。

例如打印 cube.gcode 文件：{M23 cube.gcode}

控制板返回：{ok file size：2500}；

或者返回：{ok file open failed}；

M24：启动 SD 卡打印。

例如：{M24}

返回：{ok}；

M25：暂停 SD 卡打印。

例如：{M25}

控制板返回：{ok}；

M27：获取 SD 卡打印状态信息，返回已打印百分比。

例如：{M27}

控制板返回：

1. 正在打印过程：{ok 10.53%}；

2. 暂停打印：{ok pause printing}；

3. 不在 SD 打印状态：{ok no sd printing}；

M28：保存命令到 SD 卡中指定非数字开头的文件中。

例如：保存打印数据到 SD 卡的 test.gcode 中：{M28 test.gcode}

控制板返回：{ok}；

M29：停止 SD 卡打印。

例如：{M29}

控制板返回：{ok}；

M80：开启 ATX 电源并使 x/y/z 方向及出料马达可用。

例如：{M80}

控制板返回：{ok Power on and enable X/Y/Z/E motor idle holding.}；

M81：关闭 ATX 电源。禁用 x/y/z/e 马达。

例如：{M81}

控制板返回：{ok Power off and stop X/Y/Z/E motor idle holding.}；

M84：禁用 x/y/z/e 马达。

例如：{M84}

返回：{ok Stop X/Y/Z/E motor idle holding.}；

M92：查询/设置各轴单步距离（mm）参数。

例如：

1. 查询各轴单步距离（mm）：{M92}

控制板返回：{ok X：100 Y：200 Z：100 E：150}；

2. 设置 Y 轴 steps per mm 参数为 120：{M92 Y120}

控制板返回：{ok}；

3. 设置 Y 轴参数 130，Z 轴参数 150：{M92 X130 Z150}

控制板返回：{ok}；

M104： 查询/设置挤出头温度。

例如：

1. 设置挤出头温度为 230℃：{M104 S230}

控制板返回： {ok}；

2. 查询挤出头设置温度：{M104}

控制板返回： {ok 123}；

M105：查询挤出头和热床当前温度。

例如：{M105}

控制板返回：

usb 端口：{ok T：210.0 B：100.0}；

hmi 端口：{ok T：210.0 / 230.0 B：100.0 / 110.0}；

M106：查询/设置风扇开关。

例如：

1. 关闭风扇：{M106 S0}

控制板返回：{ok off.}；

2. 设置风扇转速 {M106 S255}

控制板返回：{ok on.}；

3. 查询当前风扇状况 {M106}

控制板返回：{ok on.}；或者：{ok off.}；

M107：强制关闭风扇。

例如：{M107}

控制板返回：{ok}；

M108：设置挤出头速度。

例如：设置挤出速度为 320：{M108 S320}

控制板返回：{ok}

M109：设置挤出头温度并等待温度到设定值。

例如：设置挤出头温度为 200 度：{M109 S230}

控制板返回：{ok}；

M110：设置行号。

例如：设置最大行号：{M110}

控制板返回：{ok}；

M111：暂时不可用。

M112：紧急停机关闭所有电源。

例如：{M112}

控制板返回：{ok}；

M113：暂时不可用。

M114：查询当前 x/y/z/e 位置。

例如：{M114}

控制板返回：{ok C： X： 2.2 Y： 3.3 Z： 4.4 E： 7.8 mm}；

或：{ok C： X： 2.2 Y： 3.3 Z： 4.4 E： 7.8 inch}；

M115：查询当前固件版本信息。

例如：{M115}

控制板返回：{ok FIRMWARE_NAME：Andciv-13.7251 FIRMWARE_URL：http： //www. andciv.com PROTOCOL_VERSION：1.0 MACHINE_TYPE； Andciv}；

M116：等待所有的温度到指定目标。

例如：{M116}

控制板返回：{ok}；

M119：查询限位开关状态。

例如：{M119}

控制板返回：{ok x_min：H y_min：H z_min：L }；

M130：设置/查询加热 PID 比例 P 参数。

例如：

1. 查询热床 PID 之 P 参数：{M130 P3}

   控制板返回：{ok M130 ： Bed PID-P ： 500}；

2. 设置第一挤出头 P 值为 320：{M130 P0 S320}

   控制板返回：{ok M130 ： Extruder 1 PID-P Saved.}；

3. 查询第一加热头 PID 积分最大值： {M130 P10}

   控制板返回：{ok M130 ： Extruder 1 PID Error Max Limit ： 100000}

4. 设置热床 PID 积分最大值为 200000：{M130 P13 S200000}

   控制板返回：{ok M130 ： Bed PID Error Max Limit Saved.}；

M131：设置/查询加热 PID 比例 I 参数及 PID 前馈温度值。

例如：

1. 查询热床 PID 之 I 参数：{M131 P3}

   控制板返回：{ok M131 ： Bed PID-I：200}；

2. 设置第一挤出头 I 值为 30：{M131 P0 S30}

   控制板返回：{ok M131 ： Extruder 1 PID-I Saved.}；

3. 查询第一加热头前馈温度值：{M131 P10}

   控制板返回：{ok M131 ： Extruder 1 PID Feedforward ： 20}；

4. 设置热床前馈温度为 5：{M131 P13 S5}

   控制板返回：{ok M131 ： Bed PID Feedforward Saved.}；

M132：设置/查询加热 PID 比例 D 参数。

例如：

1. 查询热床 PID 之 D 参数：{M132 P3}

   控制板返回：{ok M132：Bed PID-D：1000}；

2. 设置第一挤出头 D 值为 5：{M132 P0 S5}

   控制板返回：{ok M132：Extruder 1 PID-D Saved.}

M133：设置/查询最大温度限制值。

例如：

1. 查询热床最大温度限制：{M132 P3}

控制板返回：{ok 100}；

2. 设置第一挤出头最大温度限制值：{M132 P0 S230}

控制板返回：{ok}；

M134：保存当前设置到 flash 中。

例如：

1. 查询第一挤出头 PID 参数：{M136 P0}

控制板返回：{ok extruder_1_pid_p：100，extruder_1_pid_i：500，extruder_1_pid_

d：3}；

2. 查询所有加热通道 PID 参数：{M136}

控制板返回：{ok extruder_1_pid_p：100,extruder_1_pid_i：500,extruder_1_pid_d：3 extruder_2_pid_p：100,extruder_2_pid_i：500,extruder_2_pid_d：3 extruder_3_pid_p：100,extruder_3_pid_i：500，extruder_3_pid_d：3 bed_pid_p：100，bed_pid_i：500，bed_pid_d：3}；

M140：设置/查询热床温度。

例如：

1. 设置热床温度为 110 度：{M140 S110}

控制板返回：{ok}；

2. 查询热床设置温度：{M140}

控制板返回：{ok 110}；

M190：开启 ATX 电源，使 x/y/z/e 轴电机可用。

例如：{M190}

控制板返回：{ok}；

M191：关闭 ATX 电源，禁用 x/y/z/e 电机。

例如：{M191}

控制板返回：{ok}；

M200：查询/设置各轴单步距离（mm）参数。

例如：

1. 查询各轴单步距离（mm）：{M200}

控制板返回：{ok X：100 Y：200 Z：100 E：150}；

2. 设置 Y 轴 steps per mm 参数为 120：{M92 Y120}

控制板返回：{ok}；

3. 设置 Y 轴参数 130，Z 轴参数 150：{M92 X130 Z150}；

控制板返回：{ok}；

M202：　设置/查询 x/y/z/e 最大速度。

例如：

1. 查询当前最大速度：{M202}

控制板返回：{ok X：1000 Y：2000 Z：1500 E：10000}；

2. 设置 x 最大速度 2400，y 最大速度 3000： {M202 X2400 Y3000}

控制板返回：{ok}；

M206：设置/查询加速度。

例如：

1. 查询当前加速度：{M206}

控制板返回：{ok 500}；

2. 设置当前加速度为 400：{M206X400}

控制板返回：{ok}；

M220：设置/查询速度倍率。

例如：

1. 查询当前速度倍率：{M220}

控制板返回：{ok 100} ；

M300：设置蜂鸣器响声频率和时间。

例如：设置 1000hz 响 500ms：{M300 S1000 P300}

控制板返回：{ok}；

M600：打印当前配置参数。

例如：{M600}

控制板返回：

{machine_model=19760423 maximum_feedrate_x = 19000 maximum_feedrate_y= 19000 maximum_feedrate_z = 1200   maximum_feedrate_e = 19000 search_feedrate _x = 820 search_feedrate_y = 820   search_feedrate_z = 120 search_feedrate_e = 260 homing_feedrate_x = 1200   homing_feedrate_y = 1200 homing_feedrate_z = 1200 steps_per_mm_x = 80.000   steps_per_mm_y = 80.000 steps_per_mm_z = 400.000 steps_per_mm_e = 60.000 acceleration = 200.000 junction_deviation = 0.050 home_ pos_x = 0.000 home_pos_y = 0.000   home_pos_z =100.799   home_direction_x = -1 home_direction_y = 1 home_direction_z = 1 printing_vol_x = 140 printing_vol_y = 140 printing_vol_z = 100 have_dump_pos = 1 dump_pos_x = -60 dump_pos_y = -60 have_rest_pos = 1 rest_pos_x = -95 rest_pos_y = 80 have_wipe_pos = 1 wipe_ entry_pos_x = -55 wipe_entry_pos_y = -40 wipe_pos_x = -55 wipe_pos_y = -40 wipe_exit_pos_x =0 wipe_exit_pos_y = 0 steps_per_revolution_e = 3200 wait_on_ temp=1 heater_pwm_frequency = 2000 enable_extruder_1 = 1 store_parameters_to_ flash=1 enable_steppers_when_start=0 auto_power_off_seconds = 30 extruder_1_ sensor_type = 1 extruder_1_pid_p = 200 extruder_1_pid_i =2000 extruder_1_pid_d = 1000 extruder_1_pid_limit = 200 extruder_1_deadband=0 extruder_1_heater_duty = 0 bed_sensor_type = 0 bed_pid_p=1 bed_pid_i = 1 bed_pid_d = 1 bed_deadband = 0 extruder_2_sensor_type = 0 extruder_2_pid_p = 1 extruder_2_pid_i = -1 extruder_

2_pid_d = -1 extruder_2_deadband = -1 extruder_3_sensor_type = -1 extruder_3_pid_p = -1 extruder_3_pid_i = -1 extruder_3_pid_d = -1 extruder_3_deadband = -1 motor_current_setting_x = 50 motor_current_setting_y = 100 motor_current_setting_z = 150 motor_current_setting_e = 200 ok }

M601：保存当前配置参数到 sd 卡中的 andciv_saved.cfg 中。

例如：{M601}

控制板返回 {ok}；

M650：设置/查询回原点后 x/y/z 的坐标值。

例如：

1. 查询回原点后 x/y/z 的坐标值：{M650}

   控制板返回：{ok X：0 Y：0 Z：105}；

2. 设置回原点后 x 的坐标值为 2,z 的坐标值为 102.5：{M650 X2 Z102.5}

   控制板返回：{ok}；

M651：设置/查询打印平台尺寸。尺寸只接受整数值。

例如：

1. 查询打印平台尺寸：{M651}

   控制板返回：{ok X：120 Y：102 Z：120}；

2. 设置打印平台尺寸 x=100,y=100,z=150：{M651 X100 y100 Z150}

   控制板返回：{ok}；

M708：请求 HMI 固件更新。

例如：

1. 查询是否有可更新 HMI 固件：{M708}

   找到,控制板返回：{ok ready. size：123456}；

   未找到,控制板返回：{ok no ready.}；

2. 请求发送一帧数据：{M708 S1}

   控制板返回 {ok 1 B0 B1 B2 ... B510 B511 CRC}；

M709：查询/设置温度传感器类型。

例如：

1. 查询当前温度传感器：{M709}

   控制板返回：{ok S0：0,S1：0,S2：0,S3：1}；

2. 设置第 1 挤出头采用 AD597 K 型温度传感器：{M709 S0 P1}

   控制板返回{ok}；

M710：　查询/设置马达驱动电流。

例如：

1. 查询当前电流设置：{M710}

   控制板返回：{ok X：50 Y：100 Z：150 E：200}；

2. 设置 X 轴电流当量为 120：{M710 X120}

   控制板返回：{ok}；

3. 设置 x 轴电流当量 130,Z 轴电流当量 90：{M710 X130 Z90}

控制板返回：{ok}；

M711：查询/设置温度采样周期 ms 数。

例如：

1. 查询当前温度采样周期 ms 数：{M711}

控制板返回：{ok 30}；

2. 设置温度采样周期数 50ms：{M711 S50}

控制板返回：{ok}；

M713：查询/设置打印时限位无效标记值。

例如：

1. 查询当前打印时限位无效标记：{M713}

控制板返回：{ok 1}；

2. 设置打印时限位开关有效：{M713 S0}

控制板返回：{ok}；

3. 设置打印时限位开关无效：{M713 S1}

控制板返回：{ok}；

M714：查询/设置软限制功能。

例如：

1. 查询当前打印时软限位无效标记：{M714}

控制板返回：{ok}；

2. 设置打印时软限位开关有效：{M714 S0}

控制板返回：{ok}；

3. 设置打印时软限位开关无效：{M714 S1}

控制板返回：{ok}；

M715：设置/查询原点时电机转动方向。

例如：

1. 查询当前探寻原点时电机转动方向：{M715}

控制板返回：{ok X：-1 Y：-1 Z：1}；

2. 设置复位时 x 电机反转：{M715 X1}

控制板返回：{ok}；

M716：查询/设置自动关闭电机延迟秒数。

例如：

1. 查询当前自动关闭电机延迟秒数：{M716}

控制板返回：{ok 30}；

2. 设置自动关闭电机延迟秒数 300 s：{M716 S300}

控制板返回：{ok}；

M717：查询当前运动速度,mm/min。

例如：

1. 查询当前是否启用 G1 实现 G0 功能：{M718}

   控制板返回：{ok1}；

2. 设置用 G1 实现 G0 功能：　{M718 S0}

   控制板返回：{ok}；

M718：查询/设置禁 G1 实现 G0 功能。

例如：

1. 查询当前是否启用 G1 实现 G0 功能：{M718}

   控制板返回：{ok 1}；

2. 设置用 G1 实现 G0 功能：{M718 S0}

   控制板返回：{ok}；

M719：启动/退出虚拟 U 盘功能。

例如：

1. 进入 U 盘模式：{M719 S1}

   控制板返回：{ok U Disk}；

   或：{ok Bad U Disk}；

2. 退出 U 盘模式：{M719 S0}

   注：退出 U 盘模式会引起系统复位。

M720：软件复位系统。

例如：{M720}

M721：加载默认参数。

例如：{M721}

控制板返回：{ok load default parameters.}；

M722：设置/查询加热传感器/加热器保护上限参数检测周期。

例如：

1. 查询加热传感器保护上限检测周期。

   控制板返回：{ok 1}；

2. 设置加热器保护上限检查周期为 30s：{M722 P3 S30}

   控制板返回：{ok}；

M723：设置/查询挤出头/热床保护阈值。

例如：

1. 查询挤出头保护阈值：{M723 P0}

   控制板返回：{ok 10}；

2. 设置挤出头保护阈值 10 度：{M723 P0 S10}

   控制板返回：{ok}；

M724：设置/查询挤出头/热床保护窗口。

例如：

1. 查询挤出头保护窗口：{M724 P0}

   控制板返回：{ok 2}；

2. 设置挤出头保窗口值为 3：{M724 P0 S3}

　　　控制板返回：{ok}；

M724：设置/查询挤出头/热床保护上限温度。

　　例如：

　　1. 查询挤出头保护上限温度： {M725 P0}

　　　控制板返回：{ok 280}；

　　2. 设置挤出头保护上限温度 290 度：{M725 P0 S290}

　　　控制板返回：{ok}；

M726：查询加热器加热功率百分比。

　　例如：{M726}

　　控制板返回：{ok M726：Extruder Power：50%, Bed Power：10%}；

M727：LCD 首页内容查询专用。

　　例如：{M727}

　　控制板返回：

　　{ok M727：TH：20,TS：0,BH：0,BS：0,PH：0,PB：0,XL：L,YL：L,ZL： H,FA：
　　OFF,CX：0, CY：0,CZ：0,CE：0,no sd printing}；

参 考 文 献

[1] 贝壳搜索.昵图网 http：//soso.nipic.com/

[2] 敦煌雅丹地貌.百度百科 http：//baike.baidu.com/

[3] 江西日报 http：//www.jxnews.com.cn/jxrb/a1/

[4] 太平洋计算机网 http：//www.pconline.com.cn/

[5] THE FREE BEGINNER'S GUIDE TO 3D PRINTING http：//3dprintingindustry.com/3d-printing-basics-free-beginners-guide/

[6] 意大利制造新的尼龙长丝 3D 打印材料.中国 3D 打印网. http：//www.3ddayin.net/

[7] 金属打印. 中国 3D 打印网. http：//www.3ddayin.net/

[8] 3D 打印仿生耳.驱动之家.http：//news.mydrivers.com/

[9] 爱丽丝·范·赫本设计 Voltage 高级女装由 3D 打印机制造.中国石狮网 htttp：//www.chinashishi.net

[10] Noa Raviv：3D 打印时装.阿里塔. http：//www.arita.cc/

[11] 吃货的家庭必备利器 3D 食品打印机汇总.中关村在线. http：//oa.zol.com.cn

[12] Meet the Inventors of a 3-D Printer for Hyper-Complicated Candy. wired.com. http：//www.wired.com/

[13] "3D 打印"别墅亮相苏州. 中国江苏网-扬子晚报. http：//www.yangtse.com/

[14] 全球首款 3D 打印汽车："斯特拉迪"酷帅亮相.中国政协网. http：//www.rmzxb.com.cn/

[15] 3D 打印车日内瓦车展现身. 车身比纸轻.中关村在线. http：//oa.zol.com.cn

[16] 怎样才能制作一个大白.知乎-张云龙, 前端农民工/前端工程师的回答. http：//www.zhihu.com/

[17] 未来畅想！3D 打印技术在月球上建基地.腾讯科技. http：//tech.qq.com/

[18] 用沙子做耗材的 3D 打印机在埃及测试成功.太平洋计算机网.http：//office.pconline.com.cn/

[19] Marco Rainone, Carlo Fonda and Enrique Canessa. ICTP Scientific FabLab International Centre for Theoretical Physics. IMAGINARY Math Exhibition using Low-cost 3D Printers.

[20] U.S. Postal Service Office of Inspector General. If It Prints, It Ships：3D Printing and the Postal Service.

[21] Gary Hodgson，Vik Olliver，Adrian Bowyer. A History of RepRap Develop. Posts from the RepRap Development Blog .

[22] Arduino . https：//www.arduino.cc/

[23] 开源硬件知识库. http：//kb.open.eefocus.com/

[24] RepRap . http：//www.RepRap.org/

[25] RepRap-维基百科. https：//www.wikipedia.org/.

[26] 那些在开发中的旋转平台 3D 打印机.天工社. http：//maker8.com/

[27] MakerBot http：//www.makerbot.com/

[28] Ultimaker. http：//www.ultimaker.cc/

[29] STL（文件格式）.百度百科. http：//baike.baidu.com/

[30] Augusdi 的专栏.CSDN 博客. http：//blog.csdn.net/

[31] 赵保军, 汪苏, 陈五一.STL 数据模型的快速切片算法[J]. 北京航空航天大学学报. 2004 年第 30 卷第 4 期.

[32] RepRap Prusa i3 3D 打印机热床找平图解教程. 打印虎. http：//www.dayinhu.com/

[33] Shapeways. http：//www.shapeways.com/

[34] 如何使用 MeshLab & Netfabb 修复你的模型.3dprint. http：//www.3d-print.cn/t

[35] 3D 打印控制软件 Cura 使用基础图解教程.打印虎. http：//www.3dsc.com/

[36] 3D Printing DIY. http：//www.3dprinter-diy.com/

[37] MeshLab. http：//meshlab.sourceforge.net/

[38] Netfabb. http：//www.netfabb.com/

[39] Cura. https：//ultimaker.com/en/products/cura-software

[40] Slic3r . http：//slic3r.org/

[41] Repetier-Host 用户手册. Repetier. http：//www.repetier.com/documentation/repetier-host/

[42] Thingiverse. http：//www.thingiverse.com/

[43] Youmagine. https：//www.youmagine.com/

[44] Myminifactory. https：//www.myminifactory.com/

[45] 3Dhoo http：//www.3dhoo.com/

[46] 523DP http：//www.523dp.com/

[47] Ad van Wijk, Iris van Wijk. 3D Printing With Biomaterials Towards A Sustainable And Circular Economy.IOS Press.

[48] Marco Rainone, Carlo Fonda , Enrique Canessa. IMAGINARY Math Exhibition using Low-cost 3D Printers.International Centre for Theoretical Physics Trieste. Italy，pp.5-13, 2014.

[49] Jonathan Heathcote . Improving the Makerbot 3D Printer . University of Manchester School of Computer Science.

[50] KISSlicer. http：//www.kisslicer.com/download.html

[51] Repetier. http：//www.repetier.com/

[52] soft.macx .http：//soft.macx.cn/

[53] Stratasys .http：//www.stratasys.com.cn/

[54] Peng Songa, Zhongqi Fub, Ligang Liub, Chi-Wing Fu. printing 3D Objects with Interlocking parts. Computer Aided Geometric Design，2015-5.

[55] Linjie Luo, Ilya Baran, Szymon Rusinkiewicz, Wojciech Matusik.Chopper： Partitioning Models into 3D-Printable Parts. ACM Transactions on Graphics (Proc. SIGGRAPH Asia)，December 2012.

[56] 易登网. http：//www.edeng.cn/

[57] 国内爱好者制作的新型抛光机.3D 小蚂蚁. http：//www.3dxmy.com/

[58] 用丙酮抛光 RepRap 3D 打印制品的技术流程.沙虫网. http：//www.3dsc.com/

[59] materialise 为用户提供为期一个月的免费 PLA 抛光服务. 三达网. http：//www.3dpmall.cn/

[60] 中国电子 DIY . http：//www.ndiy.cn/